普通高等教育 "十一五" 规划教材

PUTONG GAODENG JIAOYU SHIYIWU GUIHUA JIAOCAI

U0128980

DANPIANJI YUANLI
YU JIEKOUJISHU

单片机原理
与接口技术

主　编　涂海燕

副主编　汪道辉

编　写　胡学姝

主　审　李广军

中国电力出版社

http://jc.cepp.com.cn

内 容 简 介

本书为普通高等教育"十一五"规划教材。

全书内容可分成五个组成部分,第一章至第三章为单片机基本结构与工作方式,主要介绍单片机的发展概况、MC68HC08 单片机的主要组成部分、两种工作方式及其复位与中断;第四章为软件指令系统,主要介绍了 MC68HC08 寻址方式、指令系统,并结合简单的经典程序介绍了汇编语言的程序设计;第五章至第七章介绍了 MC68HC08 单片机的并行接口、键盘接口、片内 A/D 接口、定时系统、串行通信接口和串行外围接口的特性、功能与应用;第八章结合实例介绍了 MC68HC08 接口应用,如 LED、LCD 显示接口、矩阵键盘接口、串行 A/D 与 D/A 接口电路的设计与应用;第九章至第十章对比 MC68HC08 单片机介绍了 MCS-51 单片机的特点、结构、指令系统与接口设计。本书实用性强,读者在掌握本书内容后,再进行其他系列单片机的学习、开发时,可以举一反三,迅速入门。

本书可作为高等学校电气信息类及相关专业教材,也可供从事电子技术工作的工程技术人员学习参考。

图书在版编目 (CIP) 数据

单片机原理与接口技术/涂海燕主编. —北京:中国电力出版社,2008

普通高等教育"十一五"规划教材
ISBN 978-7-5083-7836-7

Ⅰ. 单… Ⅱ. 涂… Ⅲ. ①单片微型计算机-基础理论-高等学校-教材②单片微型计算机-接口-高等学校-教材 Ⅳ. TP368.1

中国版本图书馆 CIP 数据核字(2008)第 138906 号

中国电力出版社出版、发行

(北京三里河路 6 号 100044 http://jc.cepp.com.cn)
航远印刷有限公司印刷
各地新华书店经售

*

2008 年 12 月第一版 2008 年 12 月北京第一次印刷
787 毫米×1092 毫米 16 开本 11.75 印张 282 千字
定价 18.80 元

前　言

　　单片机是计算机家族中重要的一员，它的功能强、体积小、功耗低、工作可靠性高而又价格低廉，因而被广泛地用于各个领域，特别在自动控制、智能化仪器仪表、军工产品、家用电器、汽车电器等领域更是少不了它。本书正是为满足大学工科各专业对单片机原理的教学需要而编写的。

　　目前流行的单片机品种很多，其中 Motorola 公司的 MC68HC08 系列和 Intel 公司的 MCS-51 系列单片机具有代表性。Motorola 公司的 MC68HC08 系列单片机的特点之一是接口种类多，在同样的速度下所用的时钟频率较其他类型单片机低得多，因而使得高频噪声低，抗干扰能力强，更适合于工业控制领域及恶劣的环境应用；Intel 公司的 MCS-51 系列单片机则价格低廉，且有多家国内厂商为其开发了多种仿真器，使得用这类单片机设计的应用系统的调试非常方便。本书主要介绍了这两种单片机，相信在掌握了这两种单片机的原理后，对其他单片机的使用就融会贯通了。

　　全书注重概念准确，叙述简洁清晰，指令系统和主要技术参数以表格的形式汇总给出，以方便在应用系统设计时查询之用。本书适合作为自动化、电气工程、通信工程、制造工程、化工自动化、智能化仪器仪表及其他相关专业的大学本科教材，也适合应用系统设计者在设计时查阅之用。本书中不少接口设计例子取材于编者在科研项目中的应用实例，书中的程序大多已经过上机和实践验证，可供读者在应用系统设计时参考。

　　本书观点新，实用性强，读者在掌握本书内容后，再进行其他系列单片机的学习、开发时，可以举一反三，迅速入门。本书的主要内容作为讲义，已经在四川大学电气信息学院单片机原理与应用的教学中连续使用了 3 年，教学效果良好。

　　涂海燕编写了全书，涂源钊教授、汪道辉教授对本书的编撰工作给予了许多有益的指导。本书由电子科技大学李广军教授主审，并提出了许多宝贵的意见。在此向所有关心和支持本书编写工作的老师表示诚挚的感谢。

　　限于编者的水平和经验，书中难免有不当和错误之处，恳请读者批评指正。

编　者

2007 年 12 月于成都

目　　录

第一章 微 控 制 器 概 论

一、微控制器

计算机是由三大部分组成的，即中央处理器（Central Processing Unit，CPU）；存储器，包括随机存储器（Random Access Memory，RAM）和只读存储器（Read Only Memory，ROM）；输入、输出（I/O）接口。单片机指的是把这三部分做在一片集成电路芯片上，通常也把单片机叫作微控制器（Micro Controller Unit，MCU）。随着单片机技术的飞速发展，"单片机"这个名称已无法准确地表达其内涵，因此目前国际上已经采用微控制器（Micro Controller Unit，MCU）这个称呼，并且 MCU 已经成为业界公认的、最终统一的名词。但由于国内多年来一直使用"单片机"的称呼，已约定俗成，所以目前许多地方仍沿用"单片机"这一名词。

微控制器应用十分广泛，在家用电器中如洗衣机、电冰箱、空调器、电饭煲、电视机、音响、影碟机、照相机、游戏机、电话机、MP3、高档玩具等内部都至少有一片微控制器，个人计算机中很多部件如键盘、鼠标等里面也都少不了微控制器。其他外部设备中常常也离不开微控制器。

在工业生产中，常常使用智能仪器仪表及各种自动化装置来对生产过程的参数，例如温度、压力、流量等进行测量与控制，使用机器人来完成一些繁重而单调的工作，而这些智能仪器仪表、自动化装置和机器人的内部都有微控制器。在工业产品中也常常用到微控制器，例如在汽车电器中，除发动机的控制要用微控制器外，电动门窗、可升降座椅、安全气囊、防抱死系统（ABS）、防盗报警器、可移动通信设备等都要用到微控制器。

在办公自动化方面，复印机、打印机、绘图仪、传真机等内部都有微控制器作控制或信息处理用。

此外，在医疗仪器、农业、军事、航天等各个领域，也大量地使用了微控制器。

二、嵌入式系统

嵌入式系统是指将具有简化的通用结构、通用功能的计算机系统置入到应用系统中，使应用系统功能更强、结构更紧凑。嵌入式系统的硬件常常用 CPU 加上通用接口电路构成，但更多的是使用单片机来设计嵌入式系统，因为单片机本身已带有通用接口电路。使用单片机设计的嵌入式系统体积更小，也大大简化了嵌入式系统的硬件和软件设计。目前已有商品化的嵌入式系统供设计人员选用，选用现成的嵌入式系统来设计应用系统可以大大节省设计人员的时间和精力。

三、典型的单片机产品

下面介绍一些著名的半导体厂商典型的单片机产品，为读者选用单片机产品来开发单片机应用系统提供参考。

1. Freescale 公司的单片机

Freescale 公司单片机品种特别多，8 位单片机主要有 M68HC05、M68HC08 和 M68HC11 三个系列，16 位单片机有 M68HC12 和 M68HC16 系列，32 位单片机有 683xx 系列。在我国目前应用最多的是 M68HC08 系列和 M68HC11 系列单片机。

Freescale 单片机的特点之一是在同样的速度下所用的时钟频率较其他类型单片机低得多，因而使得高频噪声低，抗干扰能力强，更适合于工业控制领域及恶劣的环境。

（1）M68HC05 系列单片机。M68HC05 是采用 HCMOS 技术的 8 位单片机。其典型产品 MC68HC705C8A 特性如下：

1) 8k 字节 EPROM；

2) 304 字节 RAM；

3) 16 位多功能定时器；

4) 34 根 I/O 线（31 根双向 I/O 线，3 根中断和定时器输入/输出线）；

5) 1 个串行通信口；

6) 1 个串行扩展口；

7) 具有 Watchdog；

8) 5 个中断向量（9 个中断源）。

M68HC05 系列有几十种型号，它们的程序存储器（ROM、EPROM）和 RAM 容量、引脚封装、存储空间分配、I/O 功能各不相同，以适应各种应用场合的不同需要。

（2）MC68HC08 系列单片机。MC68HC08 系列单片机是 8 位新型单片机，是 Freescale 公司目前大力推广的产品之一、以代替 MC68HC05 系列的单片机。

MC68HC08 系列微控制器的主要特点如下：

1) 采用模块化设计，各种不同型号微控制器由不同模块组成，7 天就可以设计出用户所需的微控制器。

2) 含片内监控 ROM，为用户提供了在线编程及在线调试等功能。

3) 用 Flash 取代片内 EPROM 和 ROM，其价格低于相同容量的 OTP（一次编程）型微控制器。

4) 具有锁相环电路，可以使用 32kHz 的晶振产生 8MHz 的总线速度，大大降低了干扰。

5) 有丰富的接口功能。

MC68HC08 微控制器的中央处理器是 8 位的 CPU08，CPU08 由 3 个部分组成：寄存器组、算术逻辑单元及控制单元。CPU08 的主要特性如下：

1) 与 CPU05 指令代码完全向上兼容，但比 CPU05 性能更好、速度更快。

2) 4kB 程序/数据存储器空间；

3) 8MHz 的 CPU 内部总线频率；

4) 16 种寻址方式；

5) 可扩展的内部总线定义，寻址范围超过 64kB 的地址空间；

6) 用于指令操作的 16 位变址寄存器；

7) 16 位堆栈指针和相应栈操作指令；

8) 不使用累加器的存储器之间的数据移动；

9) 快速 8 位乘法和 16 位除法指令；

10) 增强型外设，如 DMA 控制器；

11) 完全的静态低电压/低功耗设计。

2. Intel 公司的单片机

Intel 公司是最早推出单片机的大公司之一，他主要的产品有 MCS－48、MCS－51、MCS－96 三大系列单片机。最近推出嵌入式系统核 Strong ARM。Intel 公司 MCS－51 系列单片机的内核被其他一些芯片公司采纳，并在此基础上推出很多新型的 51 系列单片机，例如 ATMEL 公司的 AT89C51 系列单片机就很受设计者的青睐。它将 Flash 存储器技术与 MCS－51 的核相结合，使单片机系统的硬件设计更简化。因而使其被广泛地应用。

（1）MCS－51 系列单片机。MCS－51 系列单片机是 Intel 公司的高性能 8 位单片机，采用模块式结构，Intel 公司或其他公司的新型 51 系列单片机产品都是在 MCS－51 单片机的内核的基础上，或扩大了存储器的容量，或增加了特殊 I/O 部件而构成的，从而使它们完全兼容。

MCS－51 系列单片机依其制造工艺可分成 HMOS 和 C－HMOS 两大类。若从其内部结构来分，又可分成三档产品，即 8051/8751/8031，8052/8032 和 8044/8744/8344，它们的主要区别如下：

1）8051 片内有 4k 字节掩模 ROM；

2）8751 片内有 4k 字节 EPROM；

3）8031 片内无程序存储器。

8052/8032 与 8051/8031 相当，其区别有两点：一是 8052 片内有 8kROM，另一点则是 8052（8032）片内有 3 个 16 位定时/计数器，而 8051（8031）只有两个 16 位定时器/计数器。

8044/8744/8344 也与 8051/8751/8031 相当，它们之间的区别是 8044 等片内有一通信控制器，它能实现 HDLC/SDLC 通信协议，特别适宜于组成单片机通信网。

上面介绍的产品都是用 HMOS 工艺制造的。使用 C－HMOS 工艺制造的产品属于低功耗产品，它们的编号为 80C51、80C31。

8051 系列的所有产品都是 40 脚封装，它们的引脚功能与指令系统完全兼容。当前使用较多的是 8051/8751/8031 这一系列的产品，这三种芯片中，又以 8031 用得最广，近来具有片内 Flash 程序存储器的 AT89C51 芯片也得到广泛应用。

MCS－51 系列单片机基本特性如下：

1）有一个 8 位微处理器（CPU）；

2）片内有振荡和定时电路；

3）128/256 字节片内数据存储器（RAM）；

4）4k/8k 字节片内程序存储器（ROM/EPROM）；

5）21/26 个特殊功能寄存器；

6）32 根（4 个并行口）I/O 线；

7）2/3 个 16 位可编程定时/计数器；

8）5/6 个中断源，可编程分为两个优先级；

9）一个全双工的，可运行于同步/异步方式的串行口；

10）可寻址片外 64k 程序存储器空间；

11）可寻址片外 64k 数据存储器空间；

12）具有位寻址功能；

13）使用单一＋5V 电源，主时钟频率可以从 6～12MHz 之间选用。

（2）MCS－96 系列单片机。MCS－96 系列是 16 位单片机，分为两大类。

1）HMOS 工艺产品，包括 809X、839X、879X（X＝4～8）等。典型产品 8397BH 特性如下：

(a) 8k 字节 ROM；

(b) 232 字节 RAM；

(c) 2 个 16 位定时器；

(d) 8 路高速输入/输出；

(e) 1 个全双工异步串行口；

(f) 8 路 10 位 A/D；

(g) 20 个中断源；

(h) 有 Watchdog 模块。

2）HCMOS 工艺产品，包括 8XC196KB/KC/KR/HC 和 80C198 等。

典型产品 83C196KC，它和 8397BH 向上兼容，但速度快了 1 倍左右，增加了 10 条指令，I/O 功能也有很大加强（如增加外围传送服务 PIS）。MCS－96 共有 100～110 条指令，16 位乘法时间为 2μs，CPU 采用多累加器结构，编程十分方便。

3. Philips 公司的单片机

Philips 公司生产出以 MCS－51 为核 80C51 系列的 8 位单片机、以 68000 为核的 16 位单片机。其中 80C51 系列 8 位单片机品种多、片内资源丰富，而且这种具有 Flash 型存储器的单片机容易开发应用系统，使应用系统的硬件、软件设计都得到简化，因此得到广泛的应用。80C51 系列单片机的特点是：具有 I²C 串行总线口，具有 8～10 位 A/D，程序存储器和数据存储器容量大，还具有 CAN BUS（现场总线）接口。

4. ATMEL 公司的单片机

ATMEL 公司的 AT89C51、AT89C2051、AT89S51 单片机是以 8051/52 为内核，并与 ATMEL 公司独有的 Flash 技术结合在一起而生产出来的 8 位系列单片机。AT89C51、AT89C2051、AT89S51 是性价比很高的 8 位 CMOS 单片机，它除了具有与 MCS－51 完全兼容的若干特性外，最为突出的优点就是片内集成了 4k 字节 Flash PEROM（Programmable Erasable Read Only Memory），可用来存放应用程序，这个 Flash 程序存储器除允许用一般的编程器离线编程外，还允许在应用系统中实现在线编程，并且还有对程序进行三级加密保护的加密锁功能。AT89C51、AT89C2051、AT89S51 的另一个特点是工作速度高，其中 AT89C51、AT89C2051 的晶振频率可达 24MHz，一个机器周期仅 500ns，比 MCS－51 快了 1 倍。而 AT89S51 的晶振频率可高达 33MHz。AT89C2051 减少了引脚的数量，具有更小的体积，既具有 AT89C51 的几乎全部功能和特性，又只有 20 个引脚。AT89C51 体积小、引脚少，使其在应用系统中占用的空间较小。而其良好的性能价格比也倍受欢迎，在家用电器、工业控制、计算机产品、医疗器械、汽车电器等应用方面成为用户降低成本的首选器件。

5. Toshiba（东芝）公司的单片机

东芝公司的单片机具有功能强、可靠性高和价格低等特点，特别适用于空调、电冰箱等家用电器产品。东芝公司有 TLCS－470 系列 4 位单片机，TLCS870、TLCS870/X、

TLCS870/C、TLCS - 900 系列 8 位单片机，TLCS - 900 系列 16/32 位单片机。这些单片机不但 CPU 和指令系统的功能强，而且片内外围部件丰富，提供汇编语言和 C - Like 语言的软件开发手段。随着东芝单片机开发工具的国产化和开发成本的降低，东芝单片机在我国有很大的应用前景。目前已提供 TLCS - 870 系列国产的单片机开发工具——STF870A，可开发该系列的多种型号的产品。

6. Hitachi（日立）公司的单片机

日立公司的单片机有 H400 的 4 位单片机系列，H8/300L 与 H8/300 的 8 位单片机系列，H8/300H（外数据总线 8 位或 16 位）、H8S/2000 和 H8/500 的 16 位单片机系列以及 SH 的 32 位单片机系列。4 位单片机 H400 主要应用于低档家用消费类产品；8 位单片机的 H8/300L 主要用于 VCD/MD 录像机等中高档家用消费类产品和无绳电话等，H8/300 主要用于键盘和 ABS 汽车刹车等；16 位单片机中的 H8/300H 用于 CD - ROM 驱动器和打印机等，H8S/2000 用于 PHS 系统和蜂窝电话，H8/500 则用于电机控制及工程控制等；32 位单片机 SH 用于多媒体和航空航天等领域。

7. Siemens（德国西门子）公司的单片机

Siemens 公司生产的单片机有 C166 系列 16 位单片机和 C500 系列 8 位单片机。C166 系列为高速高性能 16 位单片机，CPU 内部采用流水线型结构，指令周期最小为 80ns；乘法（16 位×16 位）、除法（32 位/16 位），仅 400ns；片内 ROM（或 OTP，或 Flash Memory）最大为 128k 字节；数据存储器 RAM 最大为 4k 字节；片内除常规 I/O 部件以外，还具有 10 位 A/D、CAN2.0B 等特殊 I/O 接口，多达 16 个中断优先级、20 个中断源的中断系统。该系列有 C161、C163、C164、C165、C166 和 C167 等产品。C166 系列单片机主要用于通信、导航等复杂的实时控制系统中。C500 系列是与 Intel 公司 MCS - 51 系列单片机兼容的新型单片机，时钟速率提高到 40MHz，片内程序存储器高达 64k 字节，片内 RAM 高达 2k 字节，具有 8 个 16 位的数据指针 DPTR，具有各种常用的外围接口部件。

8. 其他公司的单片机

中国台湾的凌阳科技股份有限公司生产有 8 位和 16 位两个系列的单片机。其中 8 位机根据不同用途可分为带有 LCD（Liquid Crystal Demonstrator）驱动功能，或带有单通道、双通道或多通道发声功能。这类单片机适合制作各种款式的计算器、数据库、游戏机及各种档次的电子琴及高级电子玩具等消费类产品，也可用作嵌入式系统。凌阳 16 位单片机提高了集成度，增强了芯片的可靠性和抗干扰能力，在封装上减少了引脚数，采用了 CMOS 制造工艺，有较好的低功耗性能和能耗管理能力，能进行复杂的数字信号处理，具有红外通信接口，具有较高的性价比。

其他如 NS 公司、三菱公司、NEC 公司、Zilog 公司、Microchip 公司等著名半导体公司都生产 8 位/16 位/32 位的单片机。单片机的结构，片内资源的类型、数量基本上是类似的。

第二章　8 位微控制器 MC68HC08

高档 8 位微控制器 MC68HC08 系列产品已成为目前 8 位微控制器应用领域的主流机型之一。MC68HC08 采用了 $0.35\mu m$ 工艺，具有速度快（8MHz 总线速度）、功能强、功耗低及价格便宜等优点，特别是带有闪速存储器 Flash 的 MC68HC908 具有更高的性能价格比。

MC68HC08 有适合各种用途的类型，如汽车控制用的 AZ 型，模糊控制用的 KX、KJ型，马达控制用的 MR 型，电话用的 W 型等各种微控制器，以后还将推出电话控制型、家用消费型、智能 IC 卡型、LCD 驱动及 VFD 驱动型微控制器。此外，还将推出内部带MC68HC08 和数字信号处理器的多 CPU 系列产品。虽然 MC68HC08 系列有许多类型，但它们的基本结构是相同的，本章以 MC68HC908GP32 为例来介绍 8 位微控制器 MC68HC08的基本结构。

第一节　MC68HC908GP32 的系统结构

MC68HC908GP32 是 MC68HC08 系列的典型产品，有 3 种封装形式：DIP‐40、SDIP‐42 及 QFP‐44。DIP‐40 和 QFP‐44 的引脚如图 2‐1 所示，42 脚芯片比 40 脚芯片多了 PTD6 和 PTD7 2 个 I/O 引脚，44 脚芯片比 40 脚芯片多了 PTC5、PTC6、PTD6 及PTD7 4 个 I/O 引脚，其余信号都是相同的。使用时应仔细查阅有关技术手册。

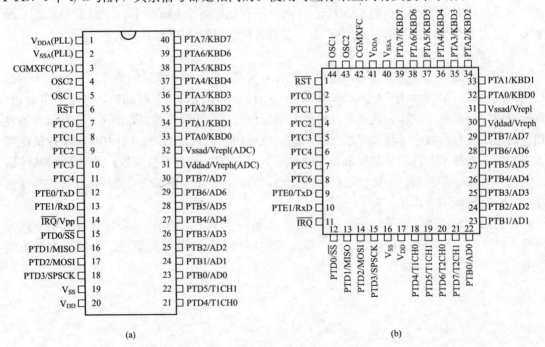

图 2‐1　MC68HC908GP32 引脚图

(a) DIP‐40 封装；(b) QEP‐44 封装

MC68HC908GP32 的功能模块如图 2-2 所示。

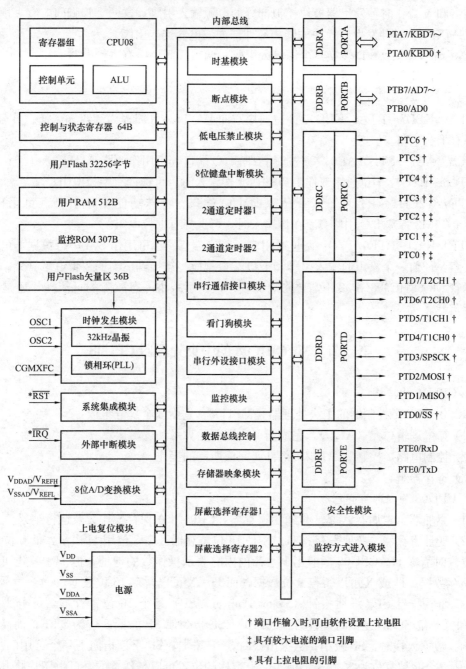

图 2-2　MC68HC908GP32 的功能模块

图 2-2 中引脚的定义如下：

V_{DD} 和 V_{SS}：主电源输入引脚。接单一电源。常在 V_{DD} 与 V_{SS} 间接接去耦电容。

OSC1 和 OSC2：振荡器引脚。

$\overline{RST}$：外部复位输入（低电平有效）或内部复位输出（低电平有效）引脚。有内部上拉电阻。

$\overline{\text{IRQ}}$：外部中断输入脚，有内部上拉电阻。

V_{DDA} 和 V_{SSA}：时钟发生器模块模拟部分的电源输入引脚，这两个管脚间应有去耦电路。

CGMXFC：时钟发生器模块的锁相环外部滤波电容连接引脚。

V_{DDAD} 和 V_{SSAD}：A/D 转换器电源输入引脚，两引脚间也应有去耦电路。

V_{REFH} 和 V_{REFL}：A/D 转换器的高、低参考电压输入引脚。它连至与 V_{DDAD}、V_{SSAD} 相同的电位上。

PTA7/$\overline{\text{KBD7}}$～PTA0/$\overline{\text{KBD0}}$：8 位通用双向 I/O 口。可编程为键盘输入脚。作输入时，可选择有上拉电阻。

PTB7/AD7～PTB0/AD0：8 位通用双向 I/O 端口，可用作 8 路 A/D 输入。

PTC6～PTC0：7 位通用双向 I/O 端口。作输入时，可选择有上拉电阻。

PTD7/T2CH1～PTD0/$\overline{\text{SS}}$：8 位双向 I/O 端口、特殊功能 I/O 引脚（可用作 SPI、TIM1 和 TIM2 特殊 I/O 引脚）。在作输入时，可选择有上拉电阻。

PTE1/RxD、PTE0/TxD：两位通用双向 I/O 端口。也可用作 SCI 串行数据 I/O 引脚。

注意：任何一个没用的输入引脚和 I/O 端口都应当连接到适当的逻辑电平（V_{DD} 或 V_{SS}）上。尽管 MC68HC908GP32 不需要终端负载，但为了减小静态故障的可能性，还是推荐使用终端负载。

第二节　MC68HC08 的中央处理器 CPU08

1. CPU08 的结构

MC68HC08 微控制器的中央处理器是 CPU08，它由 3 个部分组成：

（1）算术逻辑单元（ALU），完成指令所需要的算术和逻辑运算。

（2）控制电路，控制 ALU 逻辑部件，完成所需的操作。

（3）寄存器组。

2. CPU08 的内部寄存器

（1）累加器。累加器 A 是 8 位通用寄存器，CPU 用 A 保存操作数及运行结果。

（2）变址寄存器。变址寄存器 H：X 是 16 位寄存器，高 8 位用 H 表示，低 8 位用 X 表示。复位时清零 H。CPU08 一般用 H：X 的内容表示操作数的地址，但 H：X 也可以暂时用于储存数据。H 或 X 可以暂存 8 位数据，而 H：X 可以暂存 16 位数据。

（3）堆栈指针 SP。堆栈指针（Stack Pointer，SP）是个 16 位寄存器，可分为高 8 位 SPH 和低 8 位 SPL，复位时被置为 \$00FF，RSP 指令使 SP 的低 8 位为 \$FF，而高 8 位不受影响。数据入栈时，SP 减小；数据出栈时，SP 增加，SP 永远指向下一个可用的（空的）单元。尽管 SP 被复位为 \$00FF，但实际上堆栈的位置可以是任意的，可由用户将其定义在 RAM 中的任意位置上，若将 SP 移出第 0 页（\$0000～\$00FF），便可得到更多的可以使用直接寻址方式的空间。

（4）程序计数器 PC。程序计数器（Program Counter，PC）是个 16 位寄存器，可分为高 8 位 PCH 和低 8 位 PCL，它的内容表示下一条指令或下一个操作数的地址。复位时，PC 被置成复位向量地址 \$FFFE 和 \$FFFF 单元中的内容，即为复位后要执行的第一条指令的地址。

（5）条件码寄存器 CCR。条件码寄存器（Condition Code Register，CCR）如下所示。

位	7	6	5	4	3	2	1	0
	V	I	I	H	I	N	Z	C
复位	×	1	1	×	1	×	×	×

CCR 包含一个控制位（中断屏蔽位 I）和 5 个标志位（用来记录指令执行结果的特征），第 5、6 位永远为 1。

1）V：溢出标志。

V＝1：二进制补码有溢出。

V＝0：二进制补码无溢出。

根据符号跳转的指令 BGT、BGE、BLE 和 BLT 使用该标志。

2）H：半进位标志。

H＝1：执行 ADD 和 ADC 指令时，累加器第 3 位向第 4 位有进位。

H＝0：执行 ADD 和 ADC 指令时，累加器第 3 位向第 4 位无进位。

BCD 码运算指令（DAA）需要使用 H（和 C）标志。

3）I：中断屏蔽标志。

I＝1：中断禁止。

I＝0：中断允许。

中断屏蔽标志 I 是个控制位，使用指令 SEI 及 CLI 可以使之置 1 或清 0。

当 I＝1 时，所有可屏蔽中断都被禁止。复位时，该位置 1。

当 CPU 响应中断时，CPU 将除 H 以外的寄存器推入堆栈，以保护断点和现场，然后执行中断服务子程序；遇到 RTI 指令时，从堆栈中恢复包括 CCR 在内（也包括中断屏蔽标志 I 的状态）的各寄存器，以恢复断点和恢复现场。如果在中断服务子程序中用到 H 寄存器，进入中断服务子程序后应使用 PSHH 指令保存 H 的内容，退出中断服务子程序之前应使用 PULH 指令恢复 H 的内容。

4）N：负标志。

N＝1：运算结果为负（最高位为 1）。

N＝0：运算结果为正（最高位为 0）。

5）Z：零标志。

Z＝1：数据或运算结果为 0。

Z＝0：数据或运算结果非 0。

6）C：进位/借位标志。

C＝1：最高位上有进位或有借位。

C＝0：最高位上无进位或无借位。

虽然 CPU08 内部寄存器较少，但是片内存储器第 0 页所含的 64B I/O 寄存器和 192B RAM（$40～$FF），都可以用直接寻址方式实现将数据从存储器到存储器的直接传送，即不必经过累加器 A；也就是说第 0 页存储单元都可以当作寄存器用。而另外 320B RAM 可以用间接寻址的方式实现从存储器到存储器的数据传送。也可以当作寄存器用。这样，把内部存储器当作寄存器使用可以大大提高代码效率，而内部寄存器少又使得中断响应速度提高。这样的机制使微控制器更适合用于控制系统设计。

第三节　存储器组织和空间分配

MC68HC908GP32 可寻址 64kB 地址空间。主要包括：

（1）32256B 的供用户使用的闪速存储器 Flash；

（2）512B 的随机存储器 RAM；

（3）36B 用户定义的矢量区（Flash 存储器）；

（4）307B 的监控 ROM。

一、存储空间分配

MC68HC908GP32 可寻址的 64kB 地址空间分配如图 2 - 3 所示。

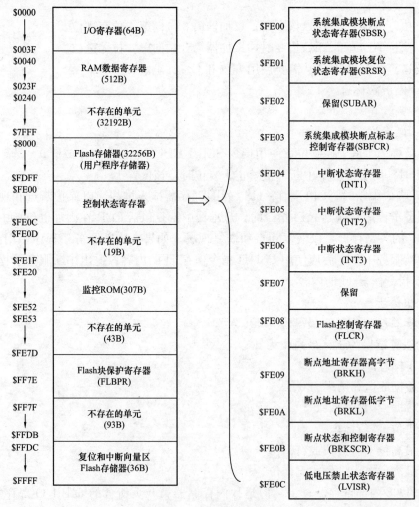

图 2 - 3　地址空间分配

（1）$0000～$003F，64 字节片内 I/O 寄存器地址。该区域包含的 I/O 寄存器主要包括：

1）端口为 A、B、C、D、E 的数据寄存器和数据方向寄存器；

2）A、B、C 端口输入上拉允许寄存器；

3）同步串行口 SPI 的数据、状态、控制寄存器；

4）异步串行口 SCI 的数据、状态、控制及波特率寄存器；

5）定时器的状态、控制、计数及计数模数寄存器；

6）每个定时器的通道及通道 1 的数据、状态和控制寄存器；

7）模数转换 A/D 的输入时钟数据、状态和控制寄存器；

8）外部中断 IRQ 状态和控制寄存器；

9）键盘中断允许控制寄存器；

10）时钟模块控制寄存器；

11）系统配置寄存器；

12）系统集成模块及锁相环电路的各个有关寄存器等。

（2）$0040～023F，512 字节片内 RAM 区。MC68HC908GP32 共有 512B RAM 用作随机存储器 RAM 与堆栈。复位后，堆栈指针为 $00FF，堆栈区位于 RAM 的第 0 页。但是 MC68HC908GP32 的堆栈区的位置是可以编程的，16 位的堆栈指针 SP 使堆栈可以处于 64kB 存储空间中的任意位置。为了更好地使用 0 页，可以设置堆栈指针 SP 离开 RAM 区第 0 页。在中断处理之前，CPU 要使用堆栈的 5 个字节保存 CPU 寄存器（A、X、PC、CCR）的内容。为了与 MC68HC05 兼容，MC68HC08 的 H 寄存器没有入栈。在子程序调用的时候，CPU 要使用堆栈的 2 个字节去存放返回地址（PC 值）。入栈操作使堆栈指针 SP 的值减小，出栈操作使堆栈指针的值增加。在进行嵌套调用时，尤其要注意的是给堆栈安排足够大的空间，以便使堆栈不会溢出。

存储器的第 0 页是 256B 的 RAM，它分为 64B 的 I/O 区和 192B 的用户 RAM 区。由于堆栈指针是可以编程的，因此当堆栈指针从复位时的 $00FF（第 0 页）移出时，整个第 0 页的 RAM 空间就可以全部用于 I/O 控制和存放用户的数据和代码。这样，那些只适用于第 0 页的直接寻址指令便能快速而有效地存取第 0 页 RAM 空间。因此，第 0 页就成为用户储存那些访问频率较高的全局变量的理想空间。

（3）$0240～$7FFF，不存在的存储区。在存储器分配图和寄存器图中，有一些是不存在的单元。当存取这些单元时可以引起非法地址复位。编程时要切记这一点，不要使用这些单元。

（4）$8000～$FDFF，用户的程序区。该区是一种电可擦可写的 Flash 存储器，用于存放用户程序。

（5）$FE00～$FE0C，第二段 I/O 寄存器区。大部分的控制、状态和数据寄存器都在存储器的 0 页范围内（$0000～$003F），其余的 I/O 寄存器具有它们自己的地址，地址分配如下：

1）$FE00：SBSR，系统集成模块断点状态寄存器；

2）$FE01：SRSR，系统集成模块复位状态寄存器；

3）$FE02：SUBAR，保留；

4）$FE03：SBFCR，系统集成模块断点标志控制寄存器；

5）$FE04：INT1，中断状态寄存器 1；

6）$FE05：INT2，中断状态寄存器 2；

7）$FE06：INT3，中断状态寄存器 3；

8）＄FE08：FLCR，Flash 控制寄存器；

9）＄FE09：BRKH，断点地址寄存器高位；

10）＄FE0A：BRKl，断点地址寄存器低位；

11）＄FE0B：BRKSCR，断点状态和控制寄存器；

12）＄FE0C：LVISR，低电压禁止状态寄存器；

13）＄FF7E：FLBPR，Flash 块保护寄存器。

（6）＄FE0D～＄FE1F，19 个字节不存在的存储区。

（7）＄FE20～＄FF52，307 字节监控 ROM。

（8）＄FF53～＄FF7D，43 字节不存在的存储区。

（9）＄FF7E，Flash 块保护寄存器 FLBPR。

（10）＄FF7F～＄FFDB，93 字节不存在的存储区。

（11）＄FFDC～＄FFFF，36 字节矢量表。这一区域也由 Flash 存储器组成，其中 ＄FFF6～＄FFFD 是预留的 8 个保密字节。

二、Flash 存储器

Flash 存储器用于存放用户程序和复位与中断向量。其中用户程序存放的地址范围是： ＄8000～＄FDFF，复位与中断向量存放在 ＄FFDC～＄FFFF，用来存放用户定义的复位和 中断服务程序的入口地址。

Flash 存储器是一种快速、非易失、可在高压下进行擦写的存储器。MC68HC908GP32 片内的电荷泵可以产生用于 Flash 存储器擦写所需要的高压，所以只需单一的外部 5V 电源 就能实现 Flash 的读、写、擦除的全部操作。MC68HC908GP32 内部有 32kB Flash 存储器， 其写入与擦除主要由 FLCR 寄存器（＄FE08）控制。

FLCR 寄存器的格式如下：

	D7	D6	D5	D4	D3	D2	D1	D0	
R	0	0	0	0	HVEN	MASS	ERASE	PGM	FLCR 地址：
W	—	—	—	—					＄FE08
复位	0	0	0	0	0	0	0	0	

其中，HVEN：高压允许。HVEN＝1，允许产生高压；HVEN＝0，禁止产生高压。 MASS：整体擦除允许。MASS＝1，允许整体擦除；MASS＝0，禁止。ERASE：擦除允 许。ERASE＝1，允许擦除；ERASE＝0，禁止。PGM：编程允许。PGM＝1，允许编程； PGM＝0，禁止。

格式中左侧的"R"表示读操作，表中对应行表示从寄存器中读出的值。"W"表示写操 作，表中对应行表示写入寄存器中的值。表格中的"—"表示对该位的相应操作不执行。复位 行表示该寄存器在复位后的初始值（**本书的后面部分都以这种方式来描述各类寄存器的格式**）。

Flash 存储器的控制寄存器中还有一个块保护寄存器 FLBPR（＄FFTE），它指出被保 护区的首地址，其末地址一律为 ＄FFFF。被保护区是只读区，不能对它进行擦写操作。

FLBPR 保护值为：FLBPR＝＄00，保护全部 Flash 存储器；FLBPR＝＄01，保护区为 ＄8080～＄FFFF；FLBPR＝＄02，保护区为 ＄8100～＄FFFF；FLBPR＝＄FE，保护区为 ＄FF00～＄FFFF。FLBPR＝＄FF，不保护。

三、监控 ROM

监控 ROM 是由厂家固化在其内部 ROM 中的监控程序,其中包含了有关系统检测、Flash 编程以及串行通信等功能的程序代码。这样微控制器可以工作于两种方式:监控方式和用户方式。在特定条件下,微控制器可以不进入用户方式,而进入监控方式。监控 ROM 可以通过单一的一条信号线与主机进行串行通信,接收和执行预先定义的主机命令,如读写存储器、执行程序等,并返回结果。适当运用监控方式和这些主机命令,能够完成如下一些特殊功能:

(1) 下装代码到 RAM 或 Flash 存储器中;

(2) 执行 RAM 或 Flash 存储器中的程序代码;

(3) Flash 存储器的加密;

(4) Flash 存储器擦除、写入、校验;

(5) 与主计算机进行标准的不归零传号/空号串行通信,波特率为 4.8k~28.8kbps;

(6) 在线编程;

(7) 用户方式 Flash 编程。

四、RAM 存储器

RAM 是随机存取存储器。单片机的型号不同其 RAM 的容量也不同。GP32 有 512B RAM,这里简单概括一下其用途:其中 0 页有 192B($40~$FF),0 页的 RAM 寻址方式多,操作速度快,可用作数据缓冲器和程序的工作标志单元。堆栈区也设在 RAM 中,复位后,堆栈指针为 $00FF,使堆栈区位于 RAM 的第 0 页。但是 MC68HC908GP32 的堆栈区的位置是可以编程的,一般将堆栈区设在 $0023F~$01FF 的地址范围内。

五、I/O 寄存器和部分功能模块寄存器的地址

MC68HC08 采用将 I/O 寄存器和各类存储器统一编址的方法,表 2-1 列出了 I/O 寄存器和部分功能模块寄存器的地址,其功能和使用方法将在后面有关章节介绍。

表 2-1　　　　　　　　I/O 寄存器和部分功能模块寄存器的地址

寄存器	地　址	寄存器	地　址	寄存器	地　址	寄存器	地　址
PTA	$0000	SPCR	$0010	T1SC	$0020	T2SC0	$0030
PTB	$0001	SPSCR	$0011	T1CNTH	$0021	T2CH0H	$0031
PTC	$0002	SPDR	$0012	T1CNTL	$0022	T2CH0L	$0032
PTD	$0003	SCC1	$0013	T1MODH	$0023	T2SC1	$0033
DDRA	$0004	SCC2	$0014	T1MODL	$0024	T2CH1H	$0034
DDRB	$0005	SCC3	$0015	T1SCO	$0025	T2CH1L	$0035
DDRC	$0006	SCS1	$0016	T1CH0H	$0026	PCTL	$0036
DDRD	$0007	SCS2	$0017	T1CH0L	$0027	PBWC	$0037
PTE	$0008	SCDR	$0018	T1SC1	$0028	PMSH	$0038
—	$0009	SCBR	$0019	T1CH1H	$0029	PMSL	$0039
—	$000A	INTKBSCR	$001A	T1CH1L	$002A	PMRS	$003A
—	$000B	INTKBIER	$001B	T2SC	$002B	PMDS	$003B
DDRE	$000C	TBCR	$001C	T2CNTH	$002C	ADSCR	$003C
PTAPUE	$000D	INTSCR	$001D	T2CNTL	$002D	ADR	$003D
PTCPUE	$000E	CONFIG2	$001E	T2MODH	$002E	ADCCK	$003E
PTDPUE	$000F	CONFIG1	$001F	T2MODL	$002F	—	$003F

第四节　时钟发生器模块 CGM（Clock Generator Module）

时钟发生器模块 CGM 由晶体振荡器 CGMC、锁相环 PLL 和时钟选择电路三部分组成，其功能是产生晶振时钟信号 CGMXCLK（其频率与外接晶振频率相同）和基准时钟信号 CGMOUT。晶振时钟信号 CGMXCLK 用于 SIM、TBM、ADC 等模块，基准时钟 CGMOUT 经 SIM 模块将其 2 分频后产生 MCU 内部时钟。时钟发生器模块的结构如图 2-4 所示。

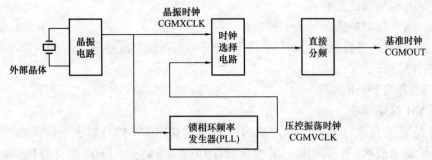

图 2-4　时钟发生器模块结构图

时钟选择电路可以选择将晶振时钟电路的输出频率直接分频后作为基准时钟，此时晶振电路的工作频率通常是几兆赫兹到几十兆赫兹（由外部晶体的频率决定）。这么高的频率常常对其他电路形成干扰，设计系统时必须加以考虑。时钟选择电路也可以选择将内部锁相环频率发生器的输出频率 CGMVCLK 直接分频后作为基准时钟，此时晶振电路的工作频率可以是 32kHz。

通过对锁相环频率发生器编程来得到最大 8MHz 的系统时钟频率。这种工作方式很有特色，由于晶振频率低，大大降低了对外辐射干扰，提高了系统的可靠性。

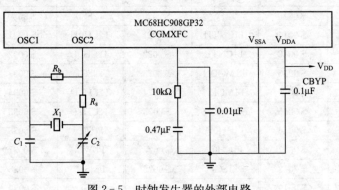

图 2-5　时钟发生器的外部电路

图 2-5 给出了时钟发生器的外部电路。

OSC1：时钟输入引脚。当有外部时钟信号时，从 OSC1 输入，此时 OSC2 悬空。

OSC2：反馈输出引脚。当有外部时钟信号从 OSC1 输入时，OSC2 悬空。

CGMXFC：外接滤波器引脚。连接由一个电阻和两个电容组成的滤波器。图 2-5 中的电容选择 $0.47\mu F$，此时晶振电路的稳定度较低。如果需要较高的稳定度，可以将该电容换成 $0.033\mu F$。

V_{DDA}：PLL 电源引脚高端。通常直接接 V_{DD} 电源，并应并连一个 $0.1\mu F$ 的去耦电容 CBYP。

V_{SSA}：PLL 电源引脚接地端。和系统地线相连。

一、晶体振荡器

晶体振荡器外接元件参数范围如表2-2所示。

表 2-2　　　　　　　　　　　　　　**晶体振荡器外接元件参数表**

参数名	晶体频率 X_1（Hz）	负载电容 C_L（pF）	固定电容 C_1（pF）	微调电容 C_2（pF）	反馈电阻 R_b（MΩ）	串联电阻 R_s（kΩ）
最小值	30	—	6	6	10	330
典型值	32.768	—	$2 \times C_L$	$2 \times C_L$	10	330
最大值	100	—	40	40	22	470

注　晶体频率选择30~100kHz是基本模式，晶体频率最大值可达1.5MHz。

C_1、C_2值应略有差异，利于晶振电路起振。

二、锁相环频率发生器

锁相环频率发生器的寄存器及其命令字的格式（下列寄存器中"—"表示相应的操作不执行）。

1. 锁相环（PLL）控制寄存器 PCTL（地址：$0036）

位	7	6	5	4	3	2	1	0	
R W	PLLIE	PLLF —	PLLON	BCS	PRE1	PRE0	VPR1	VPR0	PCTL 地址： $0036
复位	0	0	1	0	0	0	0	0	

寄存器 PCTL 各位的定义如下：

PLLIE：PLL 中断允许位。PLLIE=1 允许中断；PLLIE=0 禁止中断。

PLLF：PLL 中断标志位。当 PLL 带宽控制寄存器的 LOCK 位变化时 PLLF 被置"1"，若此时 PLLIE=1，则向 CPU 发中断请求。读 PCTL 后 PLLF 被清"0"。

PLLON：PLL 允许位，PLLON=1 允许；PLLON=0 禁止。

BCS：CGM 输出时钟选择位。BCS=1 选择 PLL 电路为时钟源；BCS=0 选择晶振电路为时钟源。

PRE1、PRE0：反馈分频器分频位。

```
PRE1  PRE0  P  预分频系数
 0     0    0      1
 0     1    1      2
 1     0    2      4
 1     1    3      8
```

VPR0、VPR1：压控振荡器选择位。

```
VPR1  VPR0  E  压控振荡器选择值
 0     0    0      1
 0     1    1      2
 1     0    2      4
 1     1    3      8
```

2. PLL 带宽控制寄存器 PBWC（地址：$0037）

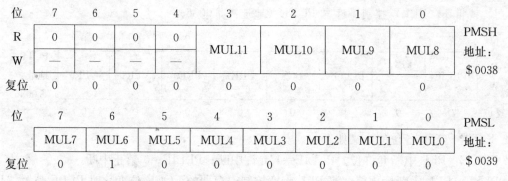

位	7	6	5	4	3	2	1	0	
R	AUTO	LOCK	$\overline{ACQ}$	0	0	0	0	保留位	PBWC 地址：
W		—		—	—	—	—		$0037
复位	0	0	0	0	0	0	0	0	

寄存器 PBWC 各位的定义如下：

AUTO：带宽控制选择。AUTO=1 自动带宽控制。

AUTO=0 手动带宽控制。这种方式用户可以编程设定采用跟踪模式或捕捉模式。

LOCK：锁定指示。LOCK=1 压控振荡器频率已锁定；LOCK=0 未锁定，频率尚未稳定。

$\overline{ACQ}$：捕捉模式状态位。$\overline{ACQ}$=1 跟踪模式，PLL 中环路滤波器对压控振荡器的频率仅在小范围内进行校正；$\overline{ACQ}$=0 捕捉模式，PLL 中环路滤波器对压控振荡器的频率可以在大范围内进行校正。

3. PLL 反馈分频器高字节寄存器和低字节寄存器 PMSH、PMSL（地址：$0038，$0039）

位	7	6	5	4	3	2	1	0	
R	0	0	0	0	MUL11	MUL10	MUL9	MUL8	PMSH 地址：
W	—	—	—	—					$0038
复位	0	0	0	0	0	0	0	0	

位	7	6	5	4	3	2	1	0	
	MUL7	MUL6	MUL5	MUL4	MUL3	MUL2	MUL1	MUL0	PMSL 地址：
复位	0	1	0	0	0	0	0	0	$0039

PMSH 和 PMSL 的值 N 确定压控振荡器的分频系数。

4. PLL 压控振荡器范围选择寄存器 PMRS（地址：$003A）

位	7	6	5	4	3	2	1	0	
	VRS7	VRS6	VRS5	VRS4	VRS3	VRS2	VRS1	VRS0	PMRS 地址：
复位	0	1	0	0	0	0	0	0	$003A

PMRS 的值 L 确定压控振荡器的频率范围系数。

5. PLL 预分频因子寄存器 PMDS（地址：$003B）

位	7	6	5	4	3	2	1	0	
R	0	0	0	0	RDS3	RDS2	RDS1	RDS0	PMDS 地址：
W									$003B
复位	0	0	0	0	0	0	0	0	

PMDS 的值 R 确定参考时钟的预分频系数。

三、PLL 电路参数计算及编程方法

下面介绍对锁相环电路的各种参数计算及软件编程，可满足各种频率晶振条件下的寄存器设置，若无特殊要求，可采用下表 2-3 推荐的 32kHz 晶振和典型参数值，编程写入相应

寄存器即可。也可采用下面介绍的计算锁相环参数的方法来计算相应参数。以下公式中的变量若有小数，则四舍五入到整数。

表 2-3　　　　　　　　　　　　　　**PLL 电路典型参数**

f_{BUS}（MHz）	f_{RCLK}（kHz）	R	N	P	E	L
2.0	32.768	1	0F5	0	0	D1
2.4576	32.768	1	12C	0	1	80
2.5	32.768	1	132	0	1	83
4.0	32.768	1	1E9	0	1	D1
4.9152	32.768	1	258	0	2	80
5.0	32.768	1	263	0	2	82
7.3728	32.768	1	384	0	2	C0
8.0	32.768	1	3D1	0	2	D0

1. PLL 电路参数计算

（1）根据应用系统的速度要求选取希望的内部总线时钟频率 f_{BUSDES}，则希望的压控振荡器的输出频率 $f_{VCLKDES}$ 为

$$f_{VCLKDES} = 4 \times f_{BUSDES} \qquad (2-1)$$

（2）选择 PLL 参考时钟频率 f_{RCLK} 以及预分频因子 R。在典型情况下，当外接晶振为 32.768kHz 时取 R=1。频率误差的校正与比率 f_{RCLK}/R 有关，为了提高频率的稳定性和反馈响应速度，该比率应当越大越好，压控振荡器的频率必须是此比率的整数倍。压控振荡器输出频率 f_{VCLK} 和参考时钟频率 f_{RCLK} 之间的关系为

$$f_{VCLK} = \frac{2^P N}{R} f_{RCLK} \qquad (2-2)$$

在应用设计许可的噪声容限下，f_{RCLK} 的取值应该尽可能的大，当然也要考虑其他模块对时钟信号的要求，例如由晶振电路提供时钟的模块。选择预分频因子 R=1，P 和 N 确定后，由式（2-2）可确定总线工作时钟。

如果对系统的噪声容限要求较高，选择 f_{RCLK} 为 f_{BUSDES} 的整数除数，R=1，如果 f_{RCLK} 不能满足要求，可以参考式（2-3），由实际选定的 f_{RCLK} 推导出 R，最后确定能导出最小 R 值的 f_{RCLK}，即

$$R = round\left[R_{max} \times \left\{ \left(\frac{f_{VCLKDES}}{f_{RCLK}} \right) - integer\left(\frac{f_{VCLKDES}}{f_{RCLK}} \right) \right\} \right] \qquad (2-3)$$

（3）选择压控振荡器的分频因子。

$$N = round\left[\frac{R \times f_{VCLKDES}}{f_{RCLK}} \right] \qquad (2-4)$$

减小 N/R 得到最小的 R。

（4）由于在 MC68HC08 中用 12 位表示 N，所以 N 的最大值 N_{max} 为 \$FFF。如果得到的 N 小于 N_{max}，取 P=0；如果 N 大于 N_{max}，P 的取值可参考表 2-4。

表 2 - 4　　　　　　　　　　　　　　**N≥N_max 时 P 的取值**

当前的 N 值	P	当前的 N 值	P
$0 < N \leqslant N_{max}$	0	$N_{max} \times 2 < N \leqslant N_{max} \times 4$	2
$N_{max} < N \leqslant N_{max} \times 2$	1	$N_{max} \times 4 < N \leqslant N_{max} \times 8$	3

然后重新计算

$$N = round\left[\frac{R \times f_{VCLKDES}}{f_{RCLK} \times 2^P}\right] \tag{2-5}$$

(5) 验算压控振荡器频率 f_{VCLK} 和总线频率 f_{BUS}。

$$f_{VCLK} = (2^P \times N/R) \times f_{RCLK} \tag{2-6}$$

$$f_{BUS} = f_{VCLK}/4$$

(6) 选择压控振荡器的指数因子 E，可按表 2 - 5 选择。

表 2 - 5　　　　　　　　　　**压控振荡器的指数因子 E 的取值**

f_{VCLK}（MHz）	$0 \sim 9.8304$	$9.8304 \sim 19.6608$	$19.6608 \sim 39.3216$
E	0	1	2

(7) 验算压控振荡器的中心频率 f_{VRS}。中心频率是 PLL 电路能够产生的最小和最大频率的中点。

$$f_{VRS} = (L \times 2^E)f_{NOM} \tag{2-7}$$

$$|f_{VRS} - f_{VCLK}| \leqslant \frac{f_{NOM} \times 2^E}{2} \tag{2-8}$$

(8) 验证以上选择的因子 P、R、N、E 和 L，这可以通过比较 f_{VCLK}、f_{VRS} 和 $f_{VCLKDES}$ 得出。正常情况下，f_{VCLK} 必须处于 $f_{VCLKDES}$ 的噪声容限内，并且 f_{VRS} 必须尽量接近 f_{VCLK}。注意：超过推荐的最大总线时钟频率或压控振荡器频率将很可能损坏微控制器。

用以上介绍的方法进行 PLL 电路的编程时，可能会遇到一些特殊情况，如 R、N 的计算结果为 0，L 对于所引入的方程无意义等。下面说明意外情况的处理方法。若计算结果 R、N 为零，则一律取 1；若 L 的值为 0，则 PLL 电路不工作。

2. 编程方法

PLL 电路的编程步骤如下：

1) 禁止 PLL：0→PCTL；

2) 选择自动带宽控制、捕捉模式：$80→PBWC；

3) P 和 E→PCTL 的 PRE1、PRE0、VPR1 和 VPR0 位；

4) N→PMSH、PMSL，设定分频系数 N；

5) L→PMRS，设定频率范围参数 L；

6) 置 "1" PLLON 等待锁定 (LOCK＝1)；

7) 1→BCS 位；

8) R→PMDS，在参考时钟寄存器中设定 R。

【例 2 - 1】　设外部晶振为 32.768kHz，要求总线时钟为 8MHz，编写 PLL 的初始化程序段。

解　查表得 R＝1，N＝＄3D1，P＝0，E＝2，L＝＄D0

PLLSET：	LDA	＃＄0	
	STA	PCTL	；禁止 PLL 工作（0→PLLON）
	LDA	＃＄80	
	STA	PBWC	；选用自动带宽控制、获取模式
	LDA	＃＄2	
	STA	PCTL	；写 P，E
	LDA	＃＄3	
	STA	PMSH	
	LDA	＃＄D1	
	STA	PMSL	；写 N
	LDA	＃＄D0	
	STA	PMRS	；写 L
	LDA	＃＄22	
	STA	PCTL	；1→PLLON
	BRCLR	6，PBWC，＄	；等待 LOCK＝0，PLL 频率稳定
	BSET	4，PCTL	；1→BCS，未写 R，因为复位时 R＝1
	RTS		

第五节　其他功能模块

一、系统操作正常监视模块

系统操作正常监视模块（Computer Operating Properly，COP）俗称看门狗电路（Watchdog）。COP 内部有一个自由运行的计数器，若计数溢出时便产生复位信号，使系统复位。为了使系统正常工作，应用软件必须周期性地向 ＄FFFF（COP 控制寄存器）写入任意值，以清除 COP 计数器。写入周期应小于 COP 的溢出周期，COP 不能产生复位信号。该模块 COP 被允许后，若系统由于某种原因使应用软件工作不正常时，COP 计数器就得不到清零。那么当它溢出时便产生复位信号，以防止程序"跑飞"。COP 模块能提高系统的运行可靠性和抗干扰能力。在系统结构寄存器 CONFIG1（地址：＄001F）中可以设置 COP 的溢出周期及允许、禁止 COP 位。CONFIG1 的 D0 位 COPD 规定 COP 是否允许产生复位信号，D7 位 COPRS 用于设置 COP 的溢出周期，具体情况如下：COPD＝1，禁止 COP 产生复位信号；COPD＝0 允许 COP 产生复位信号；COPRS＝1，溢出周期＝$(2^{13}-2^4)$ 个晶振时钟周期；COPRS＝0，溢出周期＝$(2^{18}-2^4)$ 个晶振时钟周期。

二、低电压禁止模块

低电压禁止模块（Low Voltage Inhibition，LVI）的作用是监测加在 V_{DD} 上的电源电压。当 V_{DD} 低于某个预定电压值 V_{TRIPF} 时，认为发生电源故障，产生中断信号并强制系统复位。

HC08 他功能模块 TIM1、TIM2、TBM、ADC、SPI、SCI、并行口等将在以后章节作详细的阐述。

第六节　低耗能工作方式

M68HC08 系列的 MCU 可以工作于两种低耗能工作方式下，即 WAIT 方式和 STOP 方式。

1. WAIT（等待）方式

当 CPU 执行 WAIT 指令后，MCU 便进入 WAIT 方式。MCU 在 WAIT 方式下工作时，将停止 CPU 时钟，使 CPU 停止工作。但总线时钟继续工作，使其他功能模块可以继续工作，此时工作电流 I_{DD} 将降为 12mA。若禁止时基 TBM 和低电压禁止 LVI 等模块，电流可进一步减小。

2. STOP（停止）方式

当结构寄存器 CONFIG1 的 STOP 位＝1，表示允许执行 STOP 指令，此时若 CPU 执行 STOP 指令 MCU 将进入 STOP 方式。在 STOP 方式下除 IRQ、KBI、LVI 可工作外，其他模块都将停止工作，工作电流为 $5 \sim 500 \mu A$（与温度和 LVI、KBI 等模块是否停止工作有关）。当结构寄存器 CONFIG2 的 OSCSTOPENB 位＝0，将禁止振荡器工作。

3. 退出 WAIT 方式

内部和外部的复位以及允许的中断请求信号可以使 MCU 退出 WAIT 方式。

4. 退出 STOP 方式

外部中断信号、键盘中断信号、外部或 LVI 复位信号，可使 MCU 退出 STOP 方式。

第七节　结构寄存器 CONFIG

结构寄存器分为 CONFIG2 和 CONFIG1，主要用于 MCU 的功能选择。

1. CONFIG2（$001E）

位	7	6	5	4	3	2	1	0	
R	0	0	0	0	0	0	OSC STOPENB	SCIBD SRC	CONFIG2 地址：
W	—	—	—	—	—	—			$001E
复位	0	0	0	0	0	0	0	0	

OSCSTOPENB：STOP 方式下晶体振荡器工作允许位；

OSCSTOPENB＝1，在 STOP 方式下允许晶体振荡器工作；

OSCSTOPENB＝0，在 STOP 方式下禁止晶体振荡器工作。

SCIBDSRC：串行通信 SCI 时钟源选择位；

SCIBDSRC＝1，内部总线时钟为 SCI 时钟；

SCIBDSRC＝0，外部振荡器时钟 CGMXCLK 作为 SCI 时钟。

2. CONFIG1（$001F）

位	7	6	5	4	3	2	1	0	
	COPRS	LVISTOP	LVIRSTD	LVIRWRD	LVI5OR3	SSREC	STOP	COPD	CONFIG1 地址：
复位	0	0	0	0	0	0	0	0	$001F

COPRS：COP 计数器溢出周期选择位：

        COPRS＝1，COP 溢出周期为（$2^{13}-2^4$）个 CGMXCLK 时钟周期；

        COPRS＝0，COP 溢出周期为（$2^{18}-2^4$）个 CGMXCLK 时钟周期。

LVISTOP：STOP 方式下的 LVI 允许位（LVI：低电压禁止模块）

        LVISTOP＝1，在 STOP 方式下允许 LVI 工作；

        LVISTOP＝0，在 STOP 方式下禁止 LVI 工作。

LVIRSTD：LVI 复位禁止位：

        LVIRSTD＝1，禁止 LVI 复位；

        LVIRSTD＝0，允许 LVI 复位。

LVIPWRD：LVI 电源禁止位：

        LVIPWRD＝1，禁止 LVI 电源检测/控制；

        LVIPWRD＝0，允许 LVI 电源检测/控制。

LVI5OR3：LVI 电源选择位：

        LVI5OR3＝1，LVI 工作于 5V 方式；

        LVI5OR3＝0，LVI 工作于 3V 方式。

SSREC：退出 STOP 方式时恢复时间选择位：

        SSREC＝1，恢复时间为 32 个 CGMXCLK 时钟周期；

        SSREC＝0，恢复时间为 4096 个 CGMXCLK 时钟周期。

STOP：STOP 指令允许位：

STOP＝1，STOP 指令为合法指令；

STOP＝0，STOP 指令为非法指令，执行 STOP 指令，将产生非法指令码复位操作。

COPD：COP 禁止位：

        COPD＝1，禁止 COP 工作；

        COPD＝0，允许 COP 工作。

习 题 和 思 考 题

1. 0 页 RAM 有什么特殊性能？怎样发挥零页 RAM 的性能以提高 CPU 的效率？

2. MC68HC908GP32 的存储器空间可分为哪些区域？它们各有什么用途？

3. M68HC08 堆栈指针 SP 的一般取值范围是什么？而其在复位时的地址值为多少？

4. 使用锁相环频率发生器得到系统频率有什么优点？怎样实现用锁相环频率发生器来得到系统频率？

5. 看门狗的溢出周期是多少？怎样设定看门狗的工作方式和溢出周期？

第三章　复位与中断系统

复位与中断是单片机在工作时经常会进入的过程，在设计单片机应用系统时，必须了解单片机的复位与中断系统。本章详细介绍 MC68HC08 系列的复位与中断系统的相关知识。

第一节　复　　位

复位是指使单片机恢复到起始位置从头开始工作。它能使单片机迅速从某些不确定状态或混乱状态回到起始状态，或从停机状态转为开机起始状态，并从用户定义的起始地址开始执行程序，其过程如下：

（1）MCU 立即停止正在执行的操作。

（2）MCU 内各种控制状态寄存器被强制复位（各控制状态寄存器被置为初始值）。各种控制状态寄存器的初始值如下：

条件码寄存器 CCR：×11×1×××；

PLL 控制寄存器 PCTL：00100000；

PLL 反馈分频器低字节寄存器 PMSL：01000000；

PLL 压控振荡器范围选择寄存器 PMRS：01000000；

ADC 状态控制寄存器 ADSCR：00011111；

SCI 的 SCC3：R8、T8 不变，其余位为 0；

SCI 的 SCS1：11000000；

SPI 控制寄存器 SPCR：00101000。

其他各种控制状态寄存器的初始值均为 0。

（3）选 CGMXCLK（晶体振荡器输出时钟）除以 4 作为内部总线时钟（内部时钟），其时序关系如图 3-1 所示。

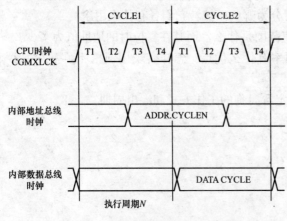

图 3-1　MC68HC908GP32 时序图

（4）从 \$FFFE 和 \$FFFF 单元取出用户定义的复位中断向量地址送入程序计数器 PC 中，MCU 从这个复位中断入口地址开始执行程序。

一、复位信号源

1. 外部复位信号

当 $\overline{\text{RST}}$ 引脚输入低电平并保持一段时间后，将使 MCU 产生外部复位中断。外部复位将使系统集成模块 SIM 的复位状态寄存器 SRSR 中的 PIN 位置为"1"。

2. 内部复位信号

（1）上电复位：当主电源输入端 V_{DD} 发生正跳变时，MCU 内部产生一个上电复位信号，使系统复位。上电复位将复位状态寄存器 SRSR 的 POR 位置为"1"，并将其他所有标志位清零。

（2）低电压复位：当 V_{DD} 输入电压小于设定的电压时使 MCU 内部产生低电压复位信号，使系统复位。低电压复位将复位状态寄存器 SRSR 中的 LVI 位置为"1"。

（3）COP 复位：当 CPU 正常工作监视器（Computer Operating Properly or Watchdog）的"计数器"计数溢出时产生内部复位信号，使系统复位。COP 复位将复位状态寄存器 SRSR 中的 COP 位置为"1"。向地址为 $FFFF 的 COP 控制寄存器写入任意数值将 COP 计数器清零，以防止产生 COP 复位。

（4）非法地址和非法操作码复位：当 CPU 访问非法的地址单元（无物理单元的存储空间保留区）或取出非法操作码时产生复位信号，使系统复位。非法地址复位将 SRSR 寄存器中的 ILAD 位置为"1"。非法操作码复位将 SRSR 寄存器中的 ILOP 位置为"1"。

所有的内部复位信号都将把 $\overline{RST}$ 引脚拉至低电平并保持 32 个 CGMXCLK 时钟周期以便复位外部设备（此时 $\overline{RST}$ 引脚作为输出）。

对结构寄存器 CONFIG 编程可以实现对 COP 复位和低电压复位（LVI）的管理，详细叙述参看第二章第六节结构寄存器 CONFIG 一节。

二、复位状态寄存器 SRSR（$FE01）

SRSR 为系统集成模块 SIM 中的一个状态寄存器，记录发生复位操作的原因。它是一只读寄存器，当对它进行读操作后，各个标志位被自动清零。

SRSR 寄存器格式如下：

位	7	6	5	4	3	2	1	0	
	POR	PIN	COP	ILOP	ILAD	0	LVI	0	SRSR 地址：
复位	0	0	0	0	0	0	0	0	$FE01

其中，POR：上电复位标志；PIN：外部 $\overline{RST}$ 复位标志；COP：看门狗复位标志；ILOP：非法操作码复位标志；ILAD：非法地址复位标志；LVI：低电压复位标志。

第二节　中　断　系　统

一、中断和中断优先级

中断是指异常事件打断计算机系统正常工作的处理过程。当计算机系统的 CPU 正在执行程序（相对而言是主程序）的时候，发生了异常事件（如定时器溢出等）产生的一个中断请求信号，请求 CPU 迅速处理。CPU 响应后（并不马上中止正在执行的指令，而是在执行完当前指令后）立即转入处理所发生的事件（执行中断服务子程序），处理完以后，再回到原来被中断的地方继续执行原来的程序，这样的过程称为中断，实现这种功能的部件称为中断系统，产生中断的部件或设备称为中断源。

在计算机系统中一般有多个中断源。当有多个中断源同时向 CPU 请求中断时，就存在 CPU 优先响应哪一个中断源的问题。一般根据中断源（所发生的事件）的重要性或紧急程度事先规定好中断源的优先级，CPU 优先响应中断优先级高的中断源请求。

如果 CPU 正在处理某个中断的过程中，又发生了优先级更高的中断请求，CPU 将暂时中止对原中断的处理，转去处理这个优先级更高的中断请求，处理完这个中断请求后，再返回对原中断继续处理。这个过程称为中断嵌套，能实现中断嵌套的系统叫作多级中断系统。

二、中断系统

1. MC68HC908GP32 的中断源

MC68HC908GP32 中断系统有 24 个中断源，对应 17 个中断向量每个中断源都有一个中断标志位、中断允许位。表 3-1 列出了 MC68HC908GP32 的中断源。

表 3-1　　　　　　　　　　　　　　　MC68HC908GP32 中断源

中断源	标　志	屏　蔽	INT 寄存器标志	优先级	向量地址
执行 SWI 软件中断	None	None	None	0	$ FFFC~ $ FFFD
外部中断 IRQ	IRQF	IMASK1	IF1	1	$ FFFA~ $ FFFB
CGM 中断	PLLF	PLLIE	IF2	2	$ FFF8~ $ FFF9
TIM1 通道 0	CH0F	CH0IE	IF3	3	$ FFF6~ $ FFF7
TIM1 通道 1	CH1F	CH1IE	IF4	4	$ FFF4~ $ FFF5
TIM1 溢出	TOF	TOIE	IF5	5	$ FFF2~ $ FFF3
TIM2 通道 0	CH0F	CH0IE	IF6	6	$ FFF0~ $ FFF1
TIM2 通道 1	CH1F	CH1IE	IF7	7	$ FFEE~ $ FFEF
TIM2 溢出	TOF	TOIE	IF8	8	$ FFEC~ $ FFED
SPI 接收器满	SPRF	SPRIE			
SPI 溢出	OVRF	ERRIE	IF9	9	$ 'FFEA~ $ FFEB
SPI 方式错	MODF	ERRIE			
SPI 发送器空	SPIE	SPTIE	IF10	10	$ FFE8~ $ FFE9
SCI 接收器溢出	OR	ORIE			
SCI 噪声标志	NF	NEIE	IF11	11	$ FFE6~ $ FFE7
SCI 格式错	FE	FEIE			
SCI 奇偶错	PE	PEIE			
SCI 接收器满	SCRF	SCRIE	IF12	12	$ FFE4~ $ FFE5
SCI 输入空闲	IDLE	ILIE			
SCI 发送器空	SCTE	SCTIE	IF13	13	$ FFE2~ $ FFE3
SCI 发送完成	TC	TCIE			
键盘输入中断	KEYF	IMASKK	IF14	14	$ FFE0~ $ FFE1
ADC 转换完成	COCO	AIEN	IF15	15	$ FFDE~ $ FFDF
时基中断	TBIF	TBIE	IF16	16	$ FFDC~ $ FFDD

2. 中断响应过程

中断响应条件：条件码寄存器 CCR 中的中断屏蔽位 I=0，多个中断源同时向 CPU 请求中断，按中断优先级次序响应优先级最高的中断请求。

中断响应过程如下：

（1）CPU 寄存器 PCL、PCH、X、A、CCR 依次入栈保护；

（2）1→CCR 的 I（关中断）；

（3）从所响应的中断源相对应的中断向量地址中取出中断服务程序入口地址（中断向量）送入 PC 寄存器；

（4）CPU 从中断入口地址开始执行中断服务程序，中断服务程序的最后一条指令是 RTI，RTI 指令从堆栈中依次弹出 CCR、A、X、PCH、PCL，使 CPU 回到原来被中断地方继续执行原来的程序；

（5）CPU 响应中断并执行中断服务程序时，CCR 中的 I＝1，屏蔽了其他中断请求信号，因此 CPU 不能再响应其他中断请求。如果允许中断嵌套，需要在中断服务程序的适当位置放一条 CLI 指令，清零 I 位，就可以响应其他中断请求以实现中断嵌套。

三、外部中断 IRQ

外部中断请求信号是可屏蔽的中断请求信号。IRQ 状态控制寄存器格式如下：

位	7	6	5	4	3	2	1	0	
R	—	—	—		IRQF	0	IMASK	MODE	INTSCR
W					—	ACK			地址：$001D
复位	0	0	0	0	0	0	0	0	

IRQF：中断标志位。IRQF＝1，中断请求发生，IRQF＝0，无中断请求。

ACK：中断请求响应位。用软件将 ACK 置"1"时将清零 IRQF。在外部中断服务程序中必须有置"1" ACK 的指令，以清零 IRQF。

IMASK：中断屏蔽位。IMASK＝1，禁止 IRQ 中断；IMASK＝0，允许 IRQ 中断。

MODE：中断触发方式选择位。MODE＝1，输入负跳变或低电平时产生中断；MODE＝0，输入仅为负跳变时产生中断。

四、键盘中断 KBI

MC68HC908GP32 的 PTA0－PTA7 既可以作为通用的双向 I/O 端口使用，也可以作为键盘输入线（或附加外部中断输入线）使用，按键时产生键盘中断。当 CPU 处于节电方式时，键盘中断可以唤醒 CPU 退出低耗能工作方式（WAIT 或 STOP）回到正常的运行状态，对键盘输入信息进行处理。键盘中断也是可屏蔽的外部中断。

1. 键盘中断状态和控制寄存器 INTKBSCR（$001A）

寄存器 INTKBSCR 格式如下：

位	7	6	5	4	3	2	1	0	
R	—	—	—	—	KEYF	0	IMASKK	MODEK	INTKBSCR
W					—	ACKK			地址：$001A
复位	0	0	0	0	0	0	0	0	

MODEK：键盘中断触发方式位。MODEK＝1，键输入线发生负跳变或为低电平时产生中断请求（1→KEYF）；MODEK＝0，仅当键输入线发生负跳变时产生中断请求（1→KEYF）；

KEYF：键盘中断标志位。KEYF＝1，键盘正在请求中断；KEYF＝0，无键盘中断请求。

IMASKK：键盘中断屏蔽位。IMASKK＝1，禁止键盘发中断请求；IMASKK＝0，允许键盘发中断请求。

ACKK：键盘中断响应位。若 MODEK＝1，当 KEYF＝1，键输入线都为高电平时，置"1" ACKK 同时清零 KEYF。若 MODEK＝0，当 KEYF＝1，软件置"1" ACKK 同时清零 KEYF 标志。

2. 键盘中断使能寄存器 INTKBIER（$001B）

寄存器 INTKBIER 格式如下：

位	7	6	5	4	3	2	1	0	
	KBIE7	KBIE6	KBIE5	KBIE4	KBIE3	KBIE2	KBIE1	KBIE0	INTKBIER 地址：$001B
复位	0	0	0	0	0	0	0	0	

KBIE7～0＝1 时，PTA7～0 作为键输入线，使其内部具有上拉电阻。当输入有效时（负跳变或低电平），1→KEYF，若 IMASKK＝0，则向 CPU 请求中断。

KBIE7～0＝0 时，PTA7～0 作为普通 I/O 线，不产生中断请求。

3. 键盘中断模块初始化

为了防止产生不正确的键盘中断，按下面步骤初始化：

①1→IMASKK；②1→KBIEX（X＝0～7）；③1→ACKK；④0→IMASKK。

五、ADC 中断

当 A/D 状态控制寄存器 ADSCR 的中断允许标志位 AIEN ＝1 时，ADC 模块在 A/D 转换结束时会发出中断请求。当中断被允许时，COCO/IDMAS 位不再用作 A/D 转换结束标志位。

六、断点中断

（1）断点模块 BREAK 可以使用户程序执行到预定地址时产生断点中断，从而暂时中断用户的正常程序，转入 SWI 软件中断服务程序。在这个程序中访问存储器和 I/O 寄存器，以读出或修改用户程序的现场，进行一些在线调试操作，然后再返回用户程序。

当下列两种情况之一发生时，将产生断点中断：

1）当前的程序计数器 PC 中的内容与断点地址寄存器的内容相等；

2）用软件将断点状态控制寄存器 BRKSCR 的 BRKA 位置"1"。

（2）断点模块寄存器。

1）断点状态和控制寄存器 BRKSCR（$FE0B），其格式如下：

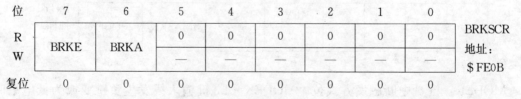

位	7	6	5	4	3	2	1	0	
R	BRKE	BRKA	0	0	0	0	0	0	BRKSCR 地址：
W			—	—	—	—	—	—	$FE0B
复位	0	0	0	0	0	0	0	0	

BRKE：断点允许位，BRKE＝1，允许断点中断；BRKE＝0，禁止断点中断。

BRKA：断点激活位，BRKA＝1，发生地址匹配；BRKA＝0，未发生地址匹配。

在（PC）＝断点地址时，置"1"BRKA 位也会产生断点中断。转入断点中断服务程序，SWI 断点中断服务程序返回之前清零 BRKA 位。

2）断点地址寄存器 BRKH（＄FEO9）、BRKL（＄FE0A）分别存放断点地址高 8 位和低 8 位。

七、其他功能模块

MC68HC08 其他的功能模块 TIM1、TIM2、TBM、ADC、SPI、SCI、并行口等将在以后章节作详细的阐述。

习 题 和 思 考 题

1. 在 MC68HC908GP32 单片机中有哪些信号可以引起复位？复位要引起 CPU 产生哪些动作？

2. 什么是中断？什么是中断源？什么是中断向量地址？

3. 当 M68HC08 响应中断时，首先压入堆栈中的是什么值？然后按顺序依次压入堆栈的是哪些值？

4. 为什么在外部中断服务程序中必须清零 IRQF 中断标志位？怎样清零 IRQF 中断标志位？

5. 已知 MC68HC908GP32 的 TIM1 通道 0 的输入捕捉的中断服务程序入口地址为 ＄1998，为了在响应输入捕捉中断请求后能转到其中断服务程序执行，应该怎样设置这个入口地址？

第四章　MC68HC08 指令系统及汇编语言程序设计

指令表示计算机可实现的某种操作，所有可执行的指令的集合称为指令系统。在计算机中指令以二进制代码表示，即机器指令。汇编语言的指令就是用助记符来表示二进制代码指令，所以汇编语言指令与机器指令是一一对应的。用汇编语言设计的程序称为汇编语言源程序。

微控制器的应用开发通常离不开汇编语言，虽然汇编语言比高级语言繁琐，但对使用微控制器作为核心的实时控制系统来说，通常使用汇编语言编写的程序比使用高级语言编写的程序更简练，并且往往具有更高的效率。只有熟练掌握指令系统和汇编语言，才能有效地用汇编语言编写程序。

本章首先介绍 MC68HC08 的寻址方式和指令系统，然后简单介绍 MC68HC08 汇编语言程序设计。

第一节　寻　址　方　式

一条指令由操作码和操作数两部分组成，寻址方式规定了 CPU 在执行指令时寻找操作数的方式，不同的寻址方式以不同的方法给出了操作数的有效地址（EA）。在指令执行存储器访问期间，有效地址（EA）的值将出现在地址总线上。

下面分别介绍各种寻址方式。其中有效地址（EA）是用于从存储器存取操作数或继续执行程序的地址。另外在指令系统中，一些前缀符号具有特殊的意义，表 4-1 列出了前缀符号的含义。

表 4-1　　　　　　　　　　　　　前缀符号的含义

前缀符号	含　义	前缀符号	含　义
无	十进制数	♯	立即数
$	十六进制数	EA	有效地址
@	八进制数	<	强迫为直接寻址
%	二进制数	>	强迫为扩展寻址
' '	ASCⅡ码字符	*	当前存储器地址

一、隐含寻址方式（Inherent, INH）

在隐含寻址方式中，指令的所有有关信息均在操作码中。用隐含寻址方式访问累加器、变址寄存器和条件码寄存器，均为单字节指令，如 DAA, CLRA, DIV 指令等。指令中只有操作码，没有操作数。指令的意义是明显的，不需要任何操作数。

例如：CLRA　；把累加器 A 清零。

二、立即寻址方式（Immediate, IMM）

在立即寻址方式中，指令码后面紧跟实际操作数。这类指令含有 2、3 或 4 个（当需前置字节时）字节，操作数前面的♯是立即数说明符，说明符后面紧跟的是操作数值而不是操作数地址。立即数限制为 1 或 2 个字节，它必须与指令所使用的寄存器大小一致。

例如：LDA ♯ $ FF　；把十六进制值 $ FF 送到累加器 A 中

三、直接寻址方式（Direct，DIR）

在直接寻址方式中，操作码后面放的是操作数的有效地址的低位字节，地址的高位字节默认为 $ 00，不包含在指令中。绝大部分指令都可以使用直接寻址方式，它能节省指令空间，提高指令的执行速度。直接寻址方式只能对 $ 0000～ $ 00FF 内存空间中的操作数进行操作。有时也将直接寻址方式称为零页寻址方式。

指令在使用直接寻址方式时比其使用扩展寻址方式要少用一个字节的程序内存空间，指令的执行时间也减少了一个时钟周期。对于一个大型程序，这样的节省是很可观的。大部分微控制器将 $ 0000～ $ 00FF 的内存空出，以便设计者放置那些经常需要调用的数据。

例如：LDA $ 50；把地址为 $ 0050 单元的内容送到累加器 A 中

四、扩展寻址方式（Extended，EXT）

在扩展寻址方式中，操作码后面放的是操作数的有效地址。因此，大多数扩展地址指令为 3 个字节，其中 1 个字节是操作码，2 个字节是有效地址。扩展寻址方式可以访问全部64k 存储空间的任何一个单元。

在汇编语言中，汇编程序会自动根据指令中有效地址值取直接寻址或扩展寻址方式，用户在编写程序时可以不必考虑。

例如：LDA　$ 0400；把地址为 $ 0400 单元的内容送到累加器 A 中

　　　ADD　$ 1200；把累加器 A 的内容与地址为 $ 1200 单元的内容相加，结果送累加器 A

五、变址寻址方式（Indexed）

变址寻址方式适用于存取那些地址可变的数据。

1. 使用变址寄存器的变址寻址方式

变址寻址方式中操作数的有效地址（EA）是通过把变址寄存器 H：X 的内容加上指令中给定的 8 位或 16 位偏移量来得到的。变址寻址又可分为无偏移量、8 位偏移量和 16 位偏移量等 3 种变址寻址方式。

（1）无偏移量变址寻址（Indexed，No offset，IX）。无偏移量变址寻址方式实际上是间接寻址方式，CPU05 的变址寄存器为 8 位，而 CPU08 的变址寄存器扩展到 16 位，允许用户访问 64kB 的内存空间。如果没有用任何指令修改 H 寄存器中的内容，H 寄存器中的值将默认为 $ 00，这样就确保了和 CPU05 指令的完全兼容。无偏移量变址寻址指令可以移动链表指针或锁定一个经常使用的 RAM 地址或输入输出地址，它们均为单字节指令。

例如：CLR，X；把以 H：X 为地址的单元的内容清零

（2）8 位偏移量变址寻址（Indexed，8 - Bit offset，IX1）。

在 8 位偏移量变址寻址方式中，操作数的有效地址是 16 位寄存器 H：X 的内容（无符号数）和操作码后的一个字节无符号整数之和。它可用于从一个有 N 个元素的表中选择第 K 个元素。这时，K 的值放在 H：X 中，而指令中的 8 位偏移量实际上是表格的首地址。

例如：CLR　$ 10，X；把以 H：X 加上 $ 10 为地址的单元的内容清零

（3）16 位偏移量变址寻址（Indexed，16 - Bit offset，IX2）。16 位偏移量变址寻址指令

为三字节指令，它可以访问内存中任何位置的地址可变的数据。操作数的有效地址为 H：X 的内容（16 位无符号数）和操作码后的两个字节偏移量（16 位无符号整数）之和。因此 16 位偏移量变址寻址指令也可用于从一个有 N 个元素的表中选择第 K 个元素。这时，表的首地址可以在内存的任何位置，表的大小可以扩展到内存容量所允许的范围。此时，K 的值放在 H：X 中，而指令中的 16 位偏移量实际上是表格的首地址。

例如：STA　＄0100，X　；把累加器 A 的内容送到以 H：X 加上 ＄100 为有效地址的单元

2. 使用堆栈指针的变址寻址方式

使用堆栈指针的变址寻址方式就是用堆栈指针代替变址寄存器，它可分为堆栈指针的 8 位偏移量变址寻址和堆栈指针的 16 位偏移量变址寻址。由于与堆栈指针相关的指令要求预先访问一个字节，因此所有与堆栈指针相关的指令要比它们使用变址寻址方式时多用一个时钟周期。

（1）用堆栈指针的 8 位偏移量变址寻址（Stack Pointer，8 - Bit offset，SP1）。用堆栈指针的 8 位偏移量变址寻址指令为三字节指令，功能与 8 位偏移量变址寻址指令相似。用堆栈指针的 8 位偏移量变址寻址可以方便地访问堆栈中的数据，操作数的有效地址是无符号 16 位堆栈寄存器的内容和操作码后无符号整数之和。当中断被屏蔽时，这种寻址方式允许堆栈指针寄存器作为第二个变址寄存器使用。

例如：LDA　5，SP；把 SP 加上 ＄5 为地址的单元内容取到累加器 A 中

（2）用堆栈指针的 16 位偏移量变址寻址（Stack Pointer，16 - Bit offset，SP2）。用堆栈指针的 16 位偏移量变址寻址指令是四字节指令，操作数的有效地址是堆栈指针寄存器中的 16 位无符号数与操作码后两个字节 16 位无符号整数之和。这种寻址方式可以访问存储器中任何位置的可变地址的数据。

例如：LDA　＄100，SP；把以 SP 加上 ＄100 为地址的单元内容取到累加器 A 中

六、相对寻址方式（Relative，REL）

相对寻址主要用于相对转移指令。一般来讲，相对转移指令（不包括位操作数转移指令）由二个字节组成，其中一字节为操作码，另一字节为相对偏移量。相对偏移量为有符号二进制数。如果转移条件为真，则把指令的第二字节的 8 位偏移量加到程序计数器 PC 中，形成有效转移地址。当转移条件为假时，顺序执行转移指令后的指令。相对寻址的范围为 −128～＋127 字节。在设计汇编语言程序时，用户不必要自己计算偏移量，只要用地址标号表示转移的目标地址，在汇编时汇编程序会自动计算偏移量，并进行校验，看它是否在转移范围内。4 个新的转移指令（BLT，BGT，BLE，BGE）通过访问标志位 N，Z，V 来确定相关的有符号操作数的值。它们被用于根据带符号数算术运算的结果来确定是否转移的场合。

例如：　LDA　＃1　　　；A＝1

　　　　CMP　＃−2　　；同−2 比较

　　　　BLT　ADS1　　；如果 A 的值小于−2，转移到地址 ADS1

　　　　BRA　ADS2　　；无条件转向标号 ADS2 处

　　　　…

　　ADS1：…

　　…

ADS2：…

　　…

七、存储器到存储器的寻址方式

存储器到存储器的寻址方式有以下 4 种不同的形式。

指令格式为：MOV 源地址，目的地址

1. 立即寻址到直接寻址（Memory-to-Memory Immediate to Direct，IMD）

直接移动立即数寻址为三字节指令，需要 4 个时钟周期，源地址是一个立即数，通常用来初始化变量和寄存器，操作码后紧跟的操作数将被存储到操作码后第二个字节所指的地址中。用这种寻址方式的传送指令不影响累加器的值。

例如：MOV　♯＄AA，＄F0　；将立即数＄AA 送到地址＄00F0 处

2. 直接寻址到直接寻址（Memory-to-Memory Direct to Direct，DD）

这种寻址方式为三字节指令，需要 5 个时钟周期，通常用于在存储器间直接移动数据。操作码后第一个字节是源操作数的地址，第二个字节是目的操作数的地址。用这种寻址方式的传送指令不影响累加器的值。这种寻址方式排除了累加器对数据传输的影响，将执行时间从 10 个时钟周期减少到 5 个，这种节省使程序可以用于大量存储器间的数据传输。

例如：MOV　＄00，＄F0　；将地址＄0000 的内容送到地址＄00F0 处

3. 自动变址寻址到直接寻址（Memory-to-Memory Indexed to Direct with Post Increment，IX＋D）

这种寻址方式为两字节指令，执行时间为 4 个时钟周期，通常用来在直接寻址页中的数据块传送。用这种寻址方式的指令不影响累加器的值。H：X 中的内容被存放在直接页中，有效地址由操作码的后继字节给出，移出后，H：X 自动加 1。

例如：MOV X＋，＄18　；将以 H：X 为地址的内容送到地址＄0018 处，然后 H：X 自动加 1

4. 直接寻址到自动变址寻址（Memory-to-Memory Direct to Indexed with Post Increment，DIX＋）

这种寻址方式为两字节指令，执行时间为 4 个时钟周期，通常用于将存储器的内容填充直接页中的数据表格。用这种寻址方式的指令不影响累加器的值。移动后，H：X 自动加 1。

例如：MOV　＄18，X＋　；将地址＄0018 处的内容送到以 H：X 为地址的存储器单元中，然后 H：X 自动加 1

第二节　指 令 系 统

MC68HC08 指令系统是 MC68HC05 指令系统的扩充和加强。由于 CPU 采用了先进的结构，使得大多数指令执行时间比 MC68HC05 减少一个机器周期。为了使以前使用 MC68HC05 微控制器的程序可以在 MC68HC08 微控制器上运行，MC68HC08 目标码与 MC68HC05 完全向上兼容。

每条指令又可以采用各种不同的寻址方式，要用好指令除了要熟悉每条指令的功能外，还必须灵活地选择合适的寻址方式，才能使所设计的程序效率高、占用内存少、运行速度

快。把指令按功能分类的目的在于便于理解与记忆。

M68HC08 指令系统按指令功能可分为以下 7 大类：

（1）数据传送类指令；

（2）算术运算类指令；

（3）逻辑运算类指令；

（4）无条件转移类指令；

（5）条件转移类指令；

（6）位操作类指令；

（7）控制类指令。

以下以分类列表的形式介绍 M68HC08 指令系统。表中的周期以内部总线时钟周期为单位。

指令表的每一行给出了一条指令的格式、操作功能、对 CCR 标志的影响、寻址方式、字节数和执行周期。

例如，LDA addr16，X 其操作功能为

$$((X)+addr16) \rightarrow A$$

（X）表示变址寄存器 H：X 中的数值，（(X)+addr16）表示把变址寄存器 H：X 中的数值加上 16 位地址偏移量得到源操作数的地址。

于是 ((X)+addr16)→A 表示从上面得到的源操作数的地址中取出源操作数传送至累加器 A 中。

若（H）＝＄90，（X）＝＄40。

指令：LDA ＄0100，X 的操作功能是：把地址为＄9140（＄9040＋＄0100＝＄9140）的存储器中的内容传送至累加器 A 中。

例如，MUL 其操作功能为

$$(A) * (X) \rightarrow X：A$$

表示将累加器 A 中的内容与变址寄存器 X 中的内容相乘，积的高位字节放在寄存器 X 中，积的低位字节放在累加器 A 中。

若（A）＝＄90，（X）＝＄40。

指令：MUL 的操作功能是将＄90＊＄40＝＄2400 存入 X：A 中，即（X）＝＄24，（A）＝＄00。

一、数据传送类指令

数据传送类指令包括取数指令、存数指令、堆栈操作指令以及传送指令，此类指令可以完成 CPU 寄存器、I/O 寄存器、RAM 和 ROM 之间的数据传输，其中多数指令执行结果只影响 CCR 的"N"和"Z"标志位。若所传送的数据为 0，则 Z 位为 1，否则 Z 位为 0；若数据最高位为 1，则 N 位为 1，否则 N 位为 0。

例如：LDA ＃＄90 ；＃＄90→A，Z＝0，N＝1

　　　LDHX ＄80 ；（＄0080）→H，（＄0081）→X

　　　STA ＄80，X ；(A)→(H：X)＋＄80 的存储单元

　　　STHX ＄81 ；(H)→＄81 存储单元，(X)→＄82 存储单元

数据传送类指令如表 4-2 所示。

表 4 - 2　　　　　　　　　数 据 传 送 类 指 令

类型	指　令	操　作	CCR 标志						寻址方式	字节	周期
			V	H	I	N	Z	C			
累加器取数指令	LDA #data	data→A	0			↕	↕		IMM	2	2
	LDA addr8	(addr8)→A	0			↕	↕		DIR	2	3
	LDA addr16	(addr16)→A	0			↕	↕		EXT	3	4
	LDA ，X	((X))→A	0			↕	↕		IX	1	2
	LDA addr8，X	((X)+addr8)→A	0			↕	↕		IX1	2	3
	LDA addr16，X	((X)+addr16)→A	0			↕	↕		IX2	3	4
	LDA addr8，SP	((SP)+addr8)→A	0			↕	↕		SP1	3	4
	LDA addr16，SP	((SP)+addr16)→A	0			↕	↕		SP2	4	5
变址寄存器取数指令	LDX #data	data→X	0			↕	↕		IMM	2	2
	LDX addr8	(addr8)→X	0			↕	↕		DIR	2	3
	LDX addr16	(addr16)→X	0			↕	↕		EXT	3	4
	LDX ，X	((X))→X	0			↕	↕		IX	1	2
	LDX addr8，X	((X)+addr8)→X	0			↕	↕		IX1	2	3
	LDX addr16，X	((X)+addr16)→X	0			↕	↕		IX2	3	4
	LDX addr8，SP	((SP)+addr8)→X	0			↕	↕		SP1	3	4
	LDX addr16，SP	((SP)+addr16)→X	0			↕	↕		SP2	4	5
	LDHX #data16	data16→H：X	0			↕	↕		IMM	3	3
	LDHX addr8	(addr8)→H，(addr8+1)→X	0			↕	↕		DIR	2	4
累加器存数指令	STA addr8	(A)→addr8	0			↕	↕		DIR	2	3
	STA addr16	(A)→addr16	0			↕	↕		EXT	3	4
	STA ，X	(A)→(X)	0			↕	↕		IX	1	2
	STA addr8，X	(A)→(X)+addr8	0			↕	↕		IX1	2	3
	STA addr16，X	(A)→(X)+addr16	0			↕	↕		IX2	3	4
	STA addr8，SP	(A)→(SP)+addr8	0			↕	↕		SP1	3	4
	STA addr16，SP	(A)→(SP)+addr16	0			↕	↕		SP2	4	5
变址寄存器存数指令	STX addr8	(X)→addr8	0			↕	↕		DIR	2	3
	STX addr16	(X)→addr16	0			↕	↕		EXT	3	4
	STX ，X	(X)→(X)	0			↕	↕		IX	1	2
	STX addr8，X	(X)→(X)+addr8	0			↕	↕		IX1	2	3
	STX addr16，X	(X)→(X)+addr16	0			↕	↕		IX2	3	4
	STX addr8，SP	(X)→(SP)+addr8	0			↕	↕		SP1	3	4
	STX addr16，SP	(X)→(SP)+addr16	0			↕	↕		SP2	4	5
	STHX addr8	(H)→addr8，(X)→addr8+1	0			↕	↕		DIR	2	4

| 类型 | 指 令 | 操 作 | CCR 标志 | | | | | | 寻址方式 | 字节 | 周期 |
			V	H	I	N	Z	C			
堆栈操作指令	PSHA	(A)→(SP), (SP)−1→SP							INH	1	2
	PSHH	(H)→(SP), (SP)−1→SP							INH	1	2
	PSHX	(X)→(SP), (SP)−1→SP							INH	1	2
	PULA	(SP)+1→SP, ((SP))→A							INH	1	2
	PULH	(SP)+1→SP, ((SP))→H							INH	1	2
	PULX	(SP)+1→SP, ((SP))→X							INH	1	2
传送指令	MOV #data, addr8	data→addr8	0			↕	↕		IMD	3	4
	MOV addr8, addr8	(addr8)→addr8	0			↕	↕		DD	3	5
	MOV addr8, X+	(addr8)→(H:X), (H:X)+1→H:X	0			↕	↕		DIX+	2	4
	MOV X+, addr8	((H:X))→addr8, (H:X)+1→H:X	0			↕	↕		IX+D	2	4
	TAP	(A)→CCR	↕	↕	↕	↕	↕	↕	INH	1	2
	TAX	(A)→X							INH	1	1
	TPA	(CCR)→A							INH	1	1
	TSX	(SP)+1→H:X							INH	1	1
	TXA	(X)→A							INH	1	1
	TXS	(H:X)−1→SP							INH	1	1
交换	NSA	A[3:0]⇔A[7:4]							INH	1	3

二、算术运算类指令

算术运算类指令包括加法指令、减法指令、加1指令、减1指令、乘除法指令、比较指令、取负指令以及零测试指令，CCR 的各位根据运算结果加以改变。

加、减法指令执行后，将按以下方式改变 CCR 各位：

C=1：相加时最高位产生进位、相减时最高位产生借位，否则 C=0。

Z=1：加、减运算结果为 0，否则 Z=0。

N=1：加、减运算结果的 R7=1（最高位为 1），否则 N=0。

H=1：加法运算中，累加器的低 4 位向高 4 位产生进位，否则 H=0。半进位 H 对于 BCD 码运算结果进行十进制调整的指令 DAA 是非常有用的。

V=1：通常表示溢出。带符号数加减法运算常常出现这样的情况：两个正数（最高位为 0）相加结果变成负数（最高位为 1），或两个负数（最高位为 1）相加结果变成正数（最高位为 0）。此时 V=1 表示溢出，即运算结果的值超出了二进制补码所能表达的范围，运算结果出错。类似的如负数减去正数或正数减去负数也可能发生溢出。

算术运算类指令的例子在汇编语言程序设计中介绍。

算术运算类指令如表 4-3 所示。

表 4-3 　　　　　　　　　　　算术运算类指令

类型	指令	操作	V	H	I	N	Z	C	寻址方式	字节	周期
加法指令	ADD ♯data	(A)+data→A	↕	↕		↕	↕	↕	IMM	2	2
	ADD addr8	(A)+(addr8)→A	↕	↕		↕	↕	↕	DIR	2	3
	ADD addr16	(A)+(addr16)→A	↕	↕		↕	↕	↕	EXT	3	4
	ADD , X	(A)+((X))→A	↕	↕		↕	↕	↕	IX	1	2
	ADD addr8, X	(A)+((X)+addr8)→A	↕	↕		↕	↕	↕	IX1	2	3
	ADD addr16, X	(A)+((X)+addr16)→A	↕	↕		↕	↕	↕	IX2	3	4
	ADD addr8, SP	(A)+((SP)+addr8)→A	↕	↕		↕	↕	↕	SP1	3	4
	ADD addr16, SP	(A)+((SP)+addr16)→A	↕	↕		↕	↕	↕	SP2	4	5
带进位加法指令	ADC ♯data	(A)+data+(C)→A	↕	↕		↕	↕	↕	IMM	2	2
	ADC addr8	(A)+(addr8)+(C)→A	↕	↕		↕	↕	↕	DIR	2	3
	ADC addr16	(A)+(addr16)+(C)→A	↕	↕		↕	↕	↕	EXT	3	4
	ADC , X	(A)+((X))+(C)→A	↕	↕		↕	↕	↕	IX	1	2
	ADC addr8, X	(A)+((X)+addr8)+(C)→A	↕	↕		↕	↕	↕	IX1	2	3
	ADC addr16, X	(A)+((X)+addr16)+(C)→A	↕	↕		↕	↕	↕	IX2	3	4
	ADC addr8, SP	(A)+((SP)+addr8)+(C)→A	↕	↕		↕	↕	↕	SP1	3	4
	ADC addr16, SP	(A)+((SP)+addr16)+(C)→A	↕	↕		↕	↕	↕	SP2	4	5
	AIS ♯data	(SP)+data→SP							IMM	2	2
	AIX ♯data	(H：X)+data→H：X							IMM	2	2
减法指令	SUB ♯data	(A)−data→A	↕			↕	↕	↕	IMM	2	2
	SUB addr8	(A)−(addr8)→A	↕			↕	↕	↕	DIR	2	3
	SUB addr16	(A)−(addr16)→A	↕			↕	↕	↕	EXT	3	4
	SUB , X	(A)−((X))→A	↕			↕	↕	↕	IX	1	2
	SUB addr8, X	(A)−((X)+addr8)→A	↕			↕	↕	↕	IX1	2	3
	SUB ddr16, X	(A)−((X)+addr16)→A	↕			↕	↕	↕	IX2	3	4
	SUB addr8, SP	(A)−((SP)+addr8)→A	↕			↕	↕	↕	SP1	3	4
	SUB addr16, SP	(A)−((SP)+addr16)→A	↕			↕	↕	↕	SP2	4	5
带借位减法指令	SBC ♯data	(A)−data−(C)→A	↕			↕	↕	↕	IMM	2	2
	SBC addr8	(A)−(addr8)−(C)→A	↕			↕	↕	↕	DIR	2	3
	SBC addr16	(A)−(addr16)−(C)→A	↕			↕	↕	↕	EXT	3	4
	SBC , X	(A)−((X))−(C)→A	↕			↕	↕	↕	IX	1	2
	SBC adldr8, X	(A)−((X)+addr8)−(C)→A	↕			↕	↕	↕	IX1	2	3
	SBC addr16, X	(A)−((X)+addr16)−(C)→A	↕			↕	↕	↕	IX2	3	4
	SBC addr8, SP	(A)−((SP)+addr8)−(C)→A	↕			↕	↕	↕	SP1	3	4
	SBC addr16, SP	(A)−((SP)+addr16)−(C)→A	↕			↕	↕	↕	SP2	4	5

类型	指　令	操　作	V	H	I	N	Z	C	寻址方式	字节	周期
加1指令	INCA	(A)+1→A	↕			↕	↕		INH	1	1
	INCX	(X)+1→X	↕			↕	↕		INH	1	1
	INC addr8	(addr8)+1→addr8	↕			↕	↕		DIR	2	4
	INC, X	((X))+1→(X)	↕			↕	↕		IX	1	3
	INC addr8, X	((X)+addr8)+1→(X)+addr8	↕			↕	↕		IX1	2	4
	INC addr8, SP	((SP)+addr8)+1→(SP)+addr8	↕			↕	↕		SP1	3	5
减1指令	DECA	(A)-1→A	↕			↕	↕		INH	1	1
	DECX	(X)-1→X	↕			↕	↕		INH	1	1
	DEC addr8	(addr8)-1→addr8	↕			↕	↕		DIR	2	4
	DEC, X	((X))-1→(X)	↕			↕	↕		IX	1	3
	DEC addr8, X	((X)+addr8)-1→(X)+addr8	↕			↕	↕		IX1	2	4
	DEC addr8, SP	((SP)+addr8)-1→(SP)+addr8	↕			↕	↕		SP1	3	5
乘除	MUL	(A)*(X)→X:A		0				0	INH	1	5
	DIV	(H:A)/(X)→A, 余数→H					↕	↕	INH	1	7
与累加器比较指令	CMP #data	(A)-data	↕			↕	↕	↕	IMM	2	2
	CMP addr8	(A)-(addr8)	↕			↕	↕	↕	DIR	2	3
	CMP addr16	(A)-(addr16)	↕			↕	↕	↕	EXT	3	4
	CMP, X	(A)-((X))	↕			↕	↕	↕	IX	1	2
	CMP addr8, X	(A)-((X)+addr8)	↕			↕	↕	↕	IX1	2	3
	CMP addr16, X	(A)-((X)+addr16)	↕			↕	↕	↕	IX2	3	4
	CMP addr8, SP	(A)-((SP)+addr8)	↕			↕	↕	↕	SP1	3	4
	CMP addr16, SP	(A)-((SP)+addr16)	↕			↕	↕	↕	SP2	4	5
与变址寄存器比较指令	CPX #data	(X)-data	↕			↕	↕	↕	IMM	2	2
	CPX addr8	(X)-(addr8)	↕			↕	↕	↕	DIR	2	3
	CPX addr16	(X)-(addr16)	↕			↕	↕	↕	EXT	3	4
	CPX , X	(X)-((X))	↕			↕	↕	↕	IX	1	2
	CPX addr8, X	(X)-((X)+addr8)	↕			↕	↕	↕	IX1	2	3
	CPX addr16, X	(X)-((X)+addr16)	↕			↕	↕	↕	IX2	3	4
	CPX addr8, SP	(X)-((SP)+addr8)	↕			↕	↕	↕	SP1	3	4
	CPX addr16, SP	(X)-((SP)+addr16)	↕			↕	↕	↕	SP2		5
	CPHX #data16	(H:X)-data16	↕			↕	↕	↕	IMM	3	3
	CPHX addr8	(H:X)-(addr8:addr8+1)	↕			↕	↕	↕	DIR	2	4

续表

类型	指　令	操　作	CCR 标志						寻址方式	字节	周期
			V	H	I	N	Z	C			
取负指令	NEGA	$00-(A)→A	↕			↕	↕	↕	INH	1	1
	NEGX	$00-(X)→X	↕			↕	↕	↕	INH	1	1
	NEG addr8	$00-(addr8)→addr8	↕			↕	↕	↕	DIR	2	4
	NEG ，X	$00-((X))→(X)	↕			↕	↕	↕	IX	1	3
	NEG addr8，X	$00-((X)+addr8)→(X)+addr8	↕			↕	↕	↕	IX1	2	4
	NEG addr16，SP	$00-((SP)+addr8)→(SP)+addr8	↕			↕	↕	↕	SP1	3	5
零测试指令	TSTA	(A)-$00	0			↕	↕		INE	1	1
	TSTX	(X)-$00	0			↕	↕		INH	1	1
	TST addr8	(addr8)-$00	0			↕	↕		DIR	2	3
	TST ，X	((X))-$00	0			↕	↕		IX	1	2
	TST addr8，X	((X)+addr8)-$00	0			↕	↕		IX1	2	3
	TST addr8，SP	((SP)+addr8)-$00	0			↕	↕		SP1	3	4
	DAA	十进制调整 A	U			↕	↕	↕	INH	1	2

三、逻辑运算类指令

逻辑运算类指令包括基本逻辑操作（与、或、异或、取反）指令、位测试指令、清零指令以及移位指令，所有逻辑运算指令都是按位进行逻辑运算。

例如：(A)=$55，执行 AND ♯ $0F 后，(A)=$05

　　　(A)=$05，执行 ORA ♯ $50 后，(A)=$55

逻辑运算类指令要改变溢出标志位 V 的值，特别是移位类指令（逻辑左、右移，算术左、右移，循环左、右移）还要根据移位结果改变 V 的值：V=R7 ⊕ b7（所有左移指令），或 V=R7 ⊕ b0（算术右移指令、循环右移指令），或 V=0 ⊕ b0（逻辑右移指令）。其中 R7 是移位后操作数的最高位，b7 是移位前源操作数的最高位。但此时 V 的值无意义，即不表示是否溢出。

逻辑运算类指令如表 4-4 所示。

表 4-4　　　　　　　　　　**逻辑运算类指令**

类型	指　令	操　作	CCR 标志						寻址方式	字节	周期
			V	H	I	N	Z	C			
逻辑与指令	AND ♯ data	(A)∧data→A	0			↕	↕		IMM	2	2
	AND addr8	(A)∧(addr8)→A	0			↕	↕		DIR	2	3
	AND addr16	(A)∧(addr16)→A	0			↕	↕		EXT	3	4
	AND ，X	(A)∧((X))→A	0			↕	↕		IX	1	2
	AND addr8，X	(A)∧((X)+addr8)→A	0			↕	↕		IX1	2	3

续表

类型	指 令	操 作	V	H	I	N	Z	C	寻址方式	字节	周期
逻辑与指令	AND addr16，X	$(A)\wedge((X)+addr16)\rightarrow A$	0			↕	↕		IX2	3	4
	AND addr8，SP	$(A)\wedge((SP)+addr8)\rightarrow A$	0			↕	↕		SP1	3	4
	AND addr16，SP	$(A)\wedge((SP)+addr16)\rightarrow A$	0			↕	↕		SP2	4	5
逻辑或指令	ORA ♯data	$(A)\vee data\rightarrow A$	0			↕	↕		IMM	2	2
	ORA addr8	$(A)\vee(addr8)\rightarrow A$	0			↕	↕		DIR	2	3
	ORA addr16	$(A)\vee(addr16)\rightarrow A$	0			↕	↕		EXT	3	4
	ORA ，X	$(A)\vee((X))\rightarrow A$	0			↕	↕		IX	1	2
	ORA addr8，X	$(A)\vee((X)+addr8)\rightarrow A$	0			↕	↕		IX1	2	3
	ORA addr16，X	$(A)\vee((X)+addr16)\rightarrow A$	0			↕	↕		IX2	3	4
	ORA addr8，SP	$(A)\vee((SP)+addr8)\rightarrow A$	0			↕	↕		SP1	3	4
	ORA addr16，SP	$(A)\vee((SP)+addr16)\rightarrow A$	0			↕	↕		SP2	4	5
逻辑异或指令	EOR ♯data	$(A)\oplus data\rightarrow A$	0			↕	↕		IMM	2	2
	EOR addr8	$(A)\oplus(addr8)\rightarrow A$	0			↕	↕		DIR	2	3
	EOR addr16	$(A)\oplus(addr16)\rightarrow A$	0			↕	↕		EXT	3	4
	EOR ，X	$(A)\oplus((X))\rightarrow A$	0			↕	↕		IX	1	2
	EOR addr8，X	$(A)\oplus((X)+addr8)\rightarrow A$	0			↕	↕		IX1	2	3
	EOR addr16，X	$(A)\oplus((X)+addr16)\rightarrow A$	0			↕	↕		IX2	3	4
	EOR addr8，SP	$(A)\oplus((SP)+addr8)\rightarrow A$	0			↕	↕		SP1	3	4
	EOR addr16，SP	$(A)\oplus((SP)+addr16)\rightarrow A$	0			↕	↕		SP2	4	5
位测试指令	BIT ♯data	$(A)\wedge data$	0			↕	↕		IMM	2	2
	BIT addr8	$(A)\wedge(addr8)$	0			↕	↕		DIR	2	3
	BIT addr16	$(A)\wedge(addr16)$	0			↕	↕		EXT	3	4
	BIT ，X	$(A)\wedge((X))$	0			↕	↕		IX	1	2
	BIT addr8，X	$(A)\wedge((X)+addr8)$	0			↕	↕		IX1	2	3
	BIT addr16，X	$(A)\wedge((X)+addr16)$	0			↕	↕		IX2	3	4
	BIT addr8，SP	$(A)\wedge((SP)+addr8)$	0			↕	↕		SP1	3	4
	BIT addr16，SP	$(A)\wedge((SP)+addr16)$	0			↕	↕		SP2	4	5
取反指令	COMA	$\overline{(A)}\rightarrow A$	0			↕	↕	1	INH	1	1
	COMX	$\overline{(X)}\rightarrow X$	0			↕	↕	1	INH	1	1
	COM addr8	$\overline{(addr8)}\rightarrow addr8$	0			↕	↕	1	DIR	2	4
	COM ，X	$\overline{((X))}\rightarrow(X)$	0			↕	↕	1	IX	1	3
	COM addr8，X	$\overline{((X)+addr8)}\rightarrow(X)+addr8$	0			↕	↕	1	IX1	2	4
	COM addr8，SP	$\overline{((SP)+addr\,8)}\rightarrow(SP)+addr\,8$	0			↕	↕	1	SP1	3	5

续表

类型	指　令	操　作	CCR 标志						寻址方式	字节	周期
			V	H	I	N	Z	C			
清零指令	CLRA	$00→A	0			0	1		INH	1	1
	CLRX	$00→X	0			0	1		INH	1	1
	CLR addr8	$00→addr8	0			0	1		DIR	2	3
	CLR ，X	$00→(X)	0			0	1		IX	1	2
	CLR addr8，X	$00→(X)+addr8	0			0	1		IX1	2	3
	CLRH	$00→H	0			0	1		INH	1	1
	CLR addr8，SP	$00→(SP)+addr8	0			0	1		SP1	3	4
逻辑左移指令	LSLA		↕			↕	↕	↕	INH	1	1
	LSLX		↕			↕	↕	↕	INH	1	1
	LSL addr8	C←□□□□□□□□←0 b7…b0 V=R7⊕b7	↕			↕	↕	↕	DIR	2	4
	LSL ，X		↕			↕	↕	↕	IX	1	3
	LSL addr8，X		↕			↕	↕	↕	IX1	2	4
	LSL addr8，SP		↕			↕	↕	↕	SP1	3	5
算术左移指令	ASLA		↕			↕	↕	↕	INH	1	1
	ASLX		↕			↕	↕	↕	INH	1	1
	ASL addr8	C←□□□□□□□□←0 b7…b0 V=R7⊕b7	↕			↕	↕	↕	DIR	2	4
	ASL ，X		↕			↕	↕	↕	IX	1	3
	ASL addr8，X		↕			↕	↕	↕	IX1	2	4
	ASL addr8，SP		↕			↕	↕	↕	SP1	3	5
逻辑右移指令	LSRA		↕			0	↕	↕	INH	1	1
	LSRX		↕			0	↕	↕	INH	1	1
	LSR addr8	0→□□□□□□□□→C b7…b0 V=0⊕b0=b0	↕			0	↕	↕	DIR	2	4
	LSR ，X		↕			0	↕	↕	IX	1	3
	LSR addr8，X		↕			0	↕	↕	IX1	2	4
	LSR addr8，SP		↕			0	↕	↕	SP1	3	5
算术右移指令	ASRA		↕			↕	↕	↕	INH	1	1
	ASRX		↕			↕	↕	↕	INH	1	1
	ASR addr8	□□□□□□□□→C b7…b0 V=R7⊕b0	↕			↕	↕	↕	DIR	2	4
	ASR ，X		↕			↕	↕	↕	IX	1	3
	ASR addr8，X		↕			↕	↕	↕	IX1	2	4
	ASR addr8，SP		↕			↕	↕	↕	SP1	3	5
循环左移指令	ROLA		↕			↕	↕	↕	INH	1	1
	ROLX		↕			↕	↕	↕	INH	1	1
	ROL addr8	C←□□□□□□□□←C b7…b0 V=R7⊕b7	↕			↕	↕	↕	DIR	2	4
	ROL ，X		↕			↕	↕	↕	IX	1	3
	ROL addr8，X		↕			↕	↕	↕	IX1	2	4
	ROL addr8，SP		↕			↕	↕	↕	SP1	3	5

续表

类型	指　令	操　作	CCR 标志 V	H	I	N	Z	C	寻址方式	字节	周期
循环右移指令	RORA		↕			↕	↕	↕	INH	1	1
	RORX		↕			↕	↕	↕	INH	1	1
	ROR addr8		↕			↕	↕	↕	DIR	2	4
	ROR ，X		↕			↕	↕	↕	IX	1	3
	ROR addr8，X		↕			↕	↕	↕	IX1	2	4
	ROR addr8，SP		↕			↕	↕	↕	SP1	3	5

操作栏图示：

$b7 \quad b0$

$V = R7 \oplus b0$

四、无条件转移类指令

无条件转移类指令包括无条件转移指令、转子程序指令以及返回指令三种，如表 4-5 所示。

表 4-5　　　　　无 条 件 转 移 类 指 令

类型	指　令	操　作	CCR 标志 V	H	I	N	Z	C	寻址方式	字节	周期
无条件转移指令	JMP addr8	0：addr8→PC							DIR	2	2
	JMP addr16	addr16→PC							EXT	3	3
	JMP ，X	(X)→PC							IX	1	2
	JMP addr8，X	(X)+addr8→PC							IX1	2	3
	JMP addr16，X	(X)+addr16→PC							IX2	3	4
	BRA rel	(PC)+2+rel→PC							REL	2	3
转子程序指令	JSR addr8	PC 进栈，0：addr8→PC							DIR	2	4
	JSR addr16	PC 进栈，addr16→PC							EXT	3	5
	JSR ，X	PC 进栈，0：(X)→PC							IX	1	4
	JSR addr8，X	PC 进栈，0：(X)+addr8→PC							IX1	2	5
	JSR addr16，X	PC 进栈，0：(X)+addr16→PC							IX2	3	6
	BSR rel	PC 进栈，(PC)+2+rel→PC							REL	2	4
返回指令	RTS	(SP)+1→SP，((SP))→PCH (SP)+1→SP，((SP))→PCL							INH	1	4
	RTI	CCR、A、X、PCH、PCL 依次从栈中弹出	↕	↕	↕	↕	↕	↕	INH	1	7

五、条件转移类指令

转移条件包括标志位测试结果、比较结果以及减 1 比较结果，如表 4-6 所示。

表 4-6 条件转移类指令

类型		指令	操作	寻址方式	字节	周期
标志位测试转移指令	无符号数比较	BHI rel	若 C∨Z=0，则 (PC)+2+rel→PC 大于转移	REL	2	3
		BHS rel	若 C=0，则 (PC)+2+rel→PC 大于等于转移	REL	2	3
		BLO rel	若 C=1，则 (PC)+2+rel→PC 小于转移	REL	2	3
		BLS rel	若 C∨Z=1，则 (PC)+2+rel→PC 小于等于转移	REL	2	3
		BEQ rel	若 Z=1，则 (PC)+2+rel→PC 等于转移	REL	2	3
		BNE rel	若 Z=0，则 (PC)+2+rel→PC 不等于转移	REL	2	3
	有符号数比较	BGE rel	若 N⊕V=0，则 (PC)+2+rel→PC 大于等于转移	REL	2	3
		BGT rel	若 Z∧(N⊕V)=0，则 (PC)+2+rel→PC 大于转移	REL	2	3
		BLT rel	若 N⊕V=1，则 (PC)+2+rel→PC 小于转移	REL	2	3
		BLE rel	若 Z∨(N⊕V)=1，则 (PC)+2+rel→PC 小于等于转移	REL	2	3
	其他	BCS rel	若 C=1，则 (PC)+2+rel→PC	REL	2	3
		BCC rel	若 C=0，则 (PC)+2+rel→PC	REL	2	3
		BHCC rel	若 H=0，则 (PC)+2+rel→PC	REL	2	3
		BHCS rel	若 H=1，则 (PC)+2+tel→PC	REL	2	3
		BIL rel	若 $\overline{IRQ}$=0，则 (PC)+2+rel→PC	REL	2	3
		BIH rel	若 $\overline{IRQ}$=1，则 (PC)+2+rel→PC	REL	2	3
		BMC rel	若 I=0，则 (PC)+2+tel→PC	REL	2	3
		BMS rel	若 I=1，则 (PC)+2+rel→PC	REL	2	3
		BPL rel	若 N=0，则 (PC)+2+rel→PC	REL	2	3
		BMI rel	若 N=1，则 (PC)+2+rel→PC	REL	2	3
比较转移指令		CBEQ addr8, rel	若 (A)−(addr8)=0，则 (PC)+3+rel→PC	DIR	3	5
		CBEQA #data, rel	若 (A)−data=0，则 (PC)+3+rel→PC	IMM	3	4
		CBEQX #data, rel	若 (X)−data=0，则 (PC)+3+rel→PC	IMM	3	4
		CBEQ addr8, x+, rel	(A)−((H∶X)+addr8)，(H∶X)+1→H∶X 若相减结果为 0，则 (PC)+3+rel→PC	IX1+	3	5
		CBEQ x+, rel	(A)−((H∶X))，(H∶X)+1→H∶X 若相减结果为 0，则 (PC)+2+rel→PC	IX+	2	4
		CBEQ addr8, SP, rel	若(A)−((SP)+addr8)=0，则 (PC)+4+rel→PC	SP1	4	6
减1比较转移指令		DBNZ addr8, rel	(addr8)−1→addr8，若非 0，则 (PC)+3+rel→PC	DIR	3	5
		DBNZA rel	(A)−1→A，若非 0，则 (PC)+2+rel→PC	INH	2	3
		DBNZX rel	(X)−1→X，若非 0，则 (PC)+2+rel→PC	INH	2	3
		DBNZ addr8, X, rel	((X)+addr8)−1→(X)+addr8，若非 0，则 (PC)+3+rel→PC	IX1	3	5
		DBNZ X, rel	((X))−1→(X)，若非 0，则 (PC)+2+rel→PC	IX	2	4
		DBNZ addr8, SP, rel	((SP)+addr8)−1→(SP)+addr8，若非 0，则 (PC)+4+rel→PC	SP1	4	6

六、位操作类指令

位操作类指令包括位置位/复操作指令和位测试转移指令两种，如表 4-7 所示。

表 4-7　　　　　　　　　　　　　　位 操 作 类 指 令

类型	指　令	操　作	寻址方式	字节	周期数
位操作指令	BSET bit, addr8	1→(Addr8). Bit	DIR	2	4
	BCLR bit, addr8	0→(addr8). bit	DIR	2	4
位测试转移指令	BRSET bit, addr8, rel	(addr8). bit→C，若（C）=1，(PC)+3+rel→PC	DIR	3	5
	BRCLR bit, addr8, rel	(addr8). bit→C，若（C）=0，则（PC）+3+rel→PC	DIR	3	5

七、控制类指令

控制类指令包括 C 和 I 标志位操作指令、复位（堆栈）指令、空操作指令、低功耗指令以及软件中断指令，如表 4-8 所示。

表 4-8　　　　　　　　　　　　　　控 制 类 指 令

类型	指　令	操　作	CCR 标志						寻址方式	周期数
			V	H	I	N	Z	C		
标志控制指令	SEC	1→C						1	INH	1
	CLC	0→C						0	INH	1
	SEI	1→I			1				INH	2
	CLl	0→I			0				INH	2
复位指令	RSP	$ FF→SPL，SPH 保持不变							INH	1
空操作指令	NOP	空操作							INH	1
	BRN rel	空转移（空操作）							INH	3
低功耗指令	WAIT	停止 CPU 的运行			0				INH	1
	STOP	停止振荡器的工作			0				INH	1
软件中断指令	SWI	(PC)+1→PC (PCL)→(SP)；SP−1→SP (PCH)→(SP)；SP−1→SP (X)→(SP)；SP−1→SP (A)→(SP)；SP−1→SP (CCR)→(SP)；SP−1→SP 1→I ($ FFFC)→PCH ($ FFFD)→PCL			1				INH	9

为方便查询，上述表内指令的各种符号及字母的含义列于下。

表中 CCR 的标志：

空白=该位不受影响；

0=该位清 0；

1＝该位置 1；

↕＝该位根据运算结果被置 1 或清 0；

U＝该位运算后未定义。

表中各种符号及字母的含义：

＊ 表示相乘运算；

∧ 表示逻辑与；

∨ 表示逻辑或；

⊕ 表示逻辑异或；

$\overline{Y}$ 表示 Y 的反码；

（Y）表示 Y 中的内容；

IMM 表示立即寻址；

INH 表示隐含寻址；

Rel 表示相对寻址；

IX 表示无偏移量变址寻址；

IX1 表示 8 位偏移量变址寻址；

IX2 表示 16 位偏移量变址寻址；

DIR 表示直接寻址；

EXT 表示扩展寻址；

SP1 表示 8 位偏移量堆栈指针寻址；

SP2 表示 16 位偏移量堆栈指针寻址；

IX$^+$ 表示无偏移量自动变址寻址；

IX1$^+$ 表示 8 位偏移量自动变址寻址；

IMD 表示立即数至存储器直接寻址；

DD 表示存储器直接寻址至存储器直接寻址；

IX$^+$D 表示存储器自动变址寻址至存储器直接寻址；

DIX$^+$ 表示存储器直接寻址至存储器自动变址寻址；

：表示两个 8 位并联；

data8、data16　分别表示 8 位、16 位立即数；

↕ 表示对标志位有影响；

U 表示该标志位无定义；

addr8、addr16　分别表示 8 位、16 位地址或地址偏移量；

（X）、（（X））在变址寻址中表示（H：X）和（（H：X））。

第三节　汇编语言程序设计

一、机器语言和汇编语言

在计算机中指令是用二进制编码的方式存储和执行的，这样的编码就称为机器指令或机器码（machine code）。用这种机器指令形式所编写的程序就称为机器语言程序。机器码不易阅读、记忆困难、容易出错，这些都给编写程序带来了很大困难。

为了解决上述困难，人们用一种能反映指令的功能和主要特征的助记符来代替机器指令，便于人们理解和记忆。另一方面，指令的另一个重要部分是操作数，它在指令中是立即数或是操作数的地址。在机器码中地址是用16位二进制数表示的，如$00EF，有时也使用符号地址（或称为标号）来表示地址。

用上述的助记符以及符号地址或标号书写的程序，称为汇编语言的源程序。但是计算机只认识机器语言，所有用汇编语言写的程序，只有经过汇编程序翻译成机器语言的目标程序，才能执行。这个翻译过程就称为汇编。

二、汇编语言源程序格式

汇编语言源程序由一行行语句组成，每行语句可包括四个部分：标号、操作码、操作数和注释。每行语句的格式如下：

［标号］（:）［操作码］［操作数］［操作数］（；［注释］）

（）内为可选项。根据指令的寻址方式不同，可以有两个操作数、一个操作数或无操作数（隐含寻址）。

1. 标号

在一行语句的开头为标号部分，它可以有以下几种形式：

（1）星号 * 为标号部分的第一个字符，表示本行语句为注释行，汇编程序将忽略注释行。

（2）可执行语句的标号其第一个字符必须是英文字母，后面可以接英文字母、数字0～9和几个特殊字符，如句号、美元符 $ 和下划线符。英文字母可以为大写或小写字母，大写和小写字母是不相同的。标号由1～15个字符组成。标号通常表示语句或数据的地址。

一个标号在标号部分只能出现一次，否则为重复定义错。

标号可以用冒号结束，也可以不用。冒号不是标号的一部分，它只起把标号与语句的其他部分隔开的作用。如果未用冒号，则应用至少一个空格或制表符（TAB）来分隔。

一行语句可只包含标号部分，这时汇编程序把当前程序计数器的值赋给该标号。

2. 操作码

操作码部分位于标号后，两者应用至少一个空格或制表符（TAB）来分隔。操作码部分应包含正确的汇编指令助记符或汇编伪指令。在这个部分中，所有字母都将在内部转换成小写字母。因此助记符 nop、NOP 和 NoP 是相同的。

操作码可分为两类：

（1）指令码，它们与机器指令一一对应。指令码包括与指令有关的寄存器名。寄存器名不应与指令码用空格隔开。这样，CLRA 与 CLR A 是不同的两条指令，CLRA 是指令码，意味着清零累加器 A，而 CLR A 中的 CLR 是指令码，A 是操作数。CLR A 意味着清零由符号 A 定义的存储器单元。

（2）伪指令码，它们由汇编程序所使用，用于控制汇编操作。

3. 操作数

操作数在操作码后，用一个以上空格或制表符与操作码分隔。操作数部分由符号、表达式组成，它的各个组成部分之间必须用逗号分隔。

操作数部分既可直接给出操作数，也可以以各种寻址方式给出操作数的地址。下面介绍操作数的各个组成部分的格式。

（1）MC68HC08 操作数语法，如表 4-9 所示。

表 4-9　　　　　　　　　　　　**MC68HC08 操作数语法**

序　　号	操 作 数 格 式	寻 址 方 式
1	无操作数	隐含累加器
2	（表达式）	直接、扩展或相对寻址
3	♯（表达式）	立即寻址
4	（表达式），X	变址寻址
5	（表达式），SP	栈指针寻址
6	（表达式），〔表达式〕	位操作或传送
7	（表达式），（表达式），（表达式）	位测试和转移
8	♯（表达式），（表达式）	立即传送
9	X＋，（表达式）	变址加 1，传送或比较
10	（表达式），X＋	变址加 1，传送
11	（表达式），X＋，（表达式）	变址加 1 比较或传送
12	〔表达式〕，SP，〔表达式〕	栈指针变址，比较或转移

注　对于基地址为零的变址指令，即操作数为 0，X，交叉汇编允许使用，X 的形式。它实际上为间接寻址方式。

（2）运算符。允许使用以下运算符（与 C 语言相同）：

＋　加　　　　　－　减　　　　　＊　乘　　　　　／　除
％　取余数　　　＆　逻辑与　　　｜　逻辑或　　　∧　异或

（3）表达式。表达式由符号、常数、算术运算符和括号组成。表达式用于定义一个操作数的值。表达式可由运算符 ＋、－、＊、/、％、＆、｜、∧、常数或字符（＊ 或 $ 表示当前程序计数器的值）组成。表达式从左到右计值，不使用括号。

例如：JMP　TAB＋4，其中 TAB＋4 就是表达式

（4）符号。每一个符号对应于一个 16 位整数值，在计算表达式时，用该整数来代替符号。星号 ＊ 或 $ 用来表示当前程序计数器的值。

（5）常数。常数是程序执行过程中不改变的数据。汇编指令中常数可采用五种格式：十进制、十六进制、二进制、八进制或 ASCII 码。在程序中用下列前缀来表示所使用的常数的格式：

　　$　十六进制（HEX）
　　％　二进制（BINARY）
　　@　八进制（OCTAL）
　　'　　ASCII

无前缀的常数为十进制数，汇编程序把所有常数变换成二进制机器码，并在汇编列表时以十六进制格式显示。

4. 注释

汇编源程序语句的最后部分为注释部分，它用分号与操作数或操作码（无操作数时）分开。它可包含任何可打印的 ASCII 字符。

三、汇编伪指令

汇编伪指令是给汇编程序提供信息的指令，不能翻译成机器码。下面介绍 MC68HC08

交叉汇编常用的伪指令。下文中的（　）表示可选项，［　］表示语句的组成部分。

1. 定位伪指令 ORG

格式：ORG［表达式］（注释）

ORG 伪指令把表达式的值赋给程序计数器。后面的指令汇编成机器码后将存放在从这个地址开始的存储单元中。

如一个源程序中没有 ORG，程序计数器初始值为 $0000，即从 0 号单元开始存放。但 MC68HC08 的 0 号单元为 I/O 端口，所以 MC68HC08 的源程序的开头必须有 ORG 伪指令。

2. 赋值伪指令 EQU

格式：［标号］EQU［表达式］（注释）

EQU 把表达式的值赋给前面的标号，该标号不能在程序的其他地方再定义。

表达式中不能使用在它的后面定义或没有定义的符号，否则将出错。

3. 字节常数定义伪指令 FCB

格式：（［标号］）FCB［表达式］（，［表达式］，…，［表达式］）（注释）

FCB 可以带有一个或多个由逗号分隔的操作数。每个操作数的值应为 8 位二进制数，放于目标程序的一个字节中。操作数可以是数字常数，符号或表达式，还可为 ASCII 字符串（由单引号开头和结束），这时从现行程序计数器开始存放字符串的各个 ASCII 字符的代码。

4. 双字节常数定义伪指令 FDB

格式：（［标号］）FDB［表达式］（，［表达式］，…，［表达式］）（注释）

FDB 伪指令可以带有一个或多个由逗号分隔的操作数。每个操作数的 16 位二进制数值存入目标程序的两个连续字节中，高位字节在前，低位字节在后。

标号被赋予第一个操作数的首地址值。操作数可以是数字常数、符号或表达式。

5. 字符串常数定义伪指令 FCC

格式：（［标号］）FCC '字符串'

FCC 伪指令用于把一个 ASCII 码字符串依次存入相应的存储器中，它的第一个字符从当前程序计数器值指定地址开始存放，汇编后标号指向第一个字符的存放地址。

6. 保留存储器字节伪指令 RMB

格式：（［标号］）RMB［表达式］

RMB 从程序计数器当前值指定的地址作为起始地址保留一块存储区，保留存储区的字节长度等于表达式的值。存储器不进行任何初始化。表达式不能包含任何后面定义或没有定义的符号。

RMB 一般用于定义 RAM 变量地址，标号为变量名，变量地址由汇编程序计算得出。

7. 其他伪指令

不同的 MC68HC08 汇编程序可能还有其他伪指令。如数据基定义伪指令（BASE）、清零存储器伪指令（BSZ 或 ZMB）、存储器置数伪指令（FILL）等。

四、汇编产生的文件

MC68HC08 汇编后产生的文件取决于汇编软件。

对于无连接功能的汇编程序，它一般产生目标文件、列表文件和符号表文件。其中符号表文件用于仿真器的符号化调试，它的格式一般与仿真器和汇编软件有关。

对有连接功能的汇编程序，它在连接后产生目标文件、列表文件等。

目标文件有两大类：一大类为十六进制 ASCII 文件格式，常使用 Freescale 公司的 S 记录文件格式；另一大类为 ABS 文件格式，它包含目标文件和调试信息等，其格式有多种，取决于汇编和连接程序。下面介绍 Freescale 的 S 记录文件格式。

S 记录是 Freescale 公司的十六进制目标文件格式。它把目标程序和数据用可打印的 ASCII 格式表示，允许用标准的软件工具来检查目标文件，也可在传送过程中显示其内容。S 记录格式也包括出错检验功能，以保证数据传送的正确性。

1. S 记录内容

S 记录为由五个部分组成的字符串集合。每个字节编为两个十六进制数字字符，第一个字符为字节的高 4 位，第二个为低 4 位。S 记录的五个部分如下：

（1）类型：两个字符。共定义 8 种类型，如 S0，S1，S9 等。

（2）记录长度：两个字符。它表示记录中字符对的数目，不包括类型和记录长度的字节数。它等于数据字节数加上 3～5（取决于地址部分的长度）。

（3）地址：4、6 或 8 个字符。它表示数据将要装入的存储器的地址，地址可为 2、3 或 4 个字节（取决于记录类型）。

（4）程序/数据：0～2n 个字符。它为 0 到 n 个字节的可执行程序（目标程序）、数据，或描述信息。

（5）检验和：两个字符。它为组成记录长度、地址和程序/数据的所有字符之和值的反码的低位字节。

每一行记录可以用 CR/LF/NULL 结束。若干行记录构成一个 S 记录。

2. S 记录类型

有 8 种 S 记录类型，可适应不同的编码、传送和解码的需要。交叉汇编只使用两种类型：S1 和 S9。

S1：包含程序/数据和两字节地址，它表示程序/数据的存放首地址。

S9：用作 S1 记录的结束记录。地址部分应包含程序执行的起始地址，如不指定，则将使用第一次遇到的入口地址或默认该地址为 0。它没有程序/数据部分。

3. S 记录举例

下面是典型的 S 记录的例子：

S1198000285F245F2212226A000424290008237C2A321343123465

S11380160002000800082629001853812341001813

S9030000FC

这个模块包含两个 S1（程序/数据）记录和一个 S9（结束）记录。第一个 S1（程序/数据）记录中相关字节的含义如下。

S1：S 记录的类型为 S1，表示为程序/数据记录，地址为两个字节。

19：十六进制数 19（十进制数 25），表示有 25 个字节，即后面有 25 对字符的二进制数据，其中两字节是地址，22 字节是程序和数据，1 字节检验和。

8000：四个字符，两个字节的地址，为十六进制地址 8000，表示后面的程序和数据的装入地址。

从 28 开始的 22 个字节是实际的程序/数据的 ASCII 码。

65：第一个 S1 记录的检验和。

第三个记录为 S9（结束）记录，记录中相关字节的含义如下。

S9：S 记录的类型为 S9，表示为结束记录。

03：16 进制数 03，表示后面有了 3 个字符对（3 个字节）。

0000：两个字节地址，为 0。

FC：S9 记录的检验和。

第四节　汇编语言程序设计举例

汇编语言程序设计要掌握两点：首先要寻求解决问题的正确的逻辑思想，即算法。常常可以通过画流程图来使得逻辑思想更加清晰。第二是编写程序要规范化，对经常使用的算法或操作应设计成通用的程序段或子程序。对程序段或子程序的编写要注明程序功能、入口参数、出口参数和其他简要说明。由于单片机的内部存储器很少，在不同的应用中常常会对内部存储器的分配作不同的调整，因此程序中使用的内部存储器单元最好用变量表示。这样设计的程序可以很容易地嵌入到其他程序中使用，能大大地节省时间和精力。

一、结构程序设计

【例 4-1】　将自存储器 SOURCE 开始的 50 个数据的累加和存放到自 DESI 开始的二字节中（DESI 存放高位字节，DESI＋1 存放低位字节）。

程序清单如下：

```
SADD    LDX     ＃$00
        CLRA
        STA     DESI            ；累加和高字节清零
LOOP    ADD     SOURCE, X       ；累加和低字节
        BCC     NEXT            ；累加和低字节加法无进位，跳转
        INC     DESI            ；累加和低字节加法有进位，高字节加 1
NEXT    INCX                    ；调整指针
        CPX     ＃50
        BLO     LOOP            ；判断循环累加是否已达到 50 次
        STA     DESI＋1         ；保存累加和低字节
```

【例 4-2】　将自存储器 SOURCE 开始的 100 个数据中的所有正数相加，并将其累加和存放到自 BUFF 开始的二字节中。

程序清单如下：

```
SPAD    CLRX
        CLRA
        STA     BUFF            ；累加和高字节清零
        STA     BUFF＋1         ；累加和低字节清零
LOOP    LDA     SOURCE, X       ；取数
        BMI     NEXT            ；若是负数跳转，不进行累加
        BEQ     NEXT            ；若是零跳转，不进行累加
        ADD     BUFF＋1
```

```
              STA       BUFF+1
              BCC       NEXT
              INC       BUFF
NEXT          INCX
              CPX       ♯100
              BLO       LOOP
```

【例 4 - 3】　将自存储器 SOURCE 开始的 NUM 字节 16 位无符号数中的最大数找出来，存放到自 MAX 开始的二字节中（所有低字节存于高地址）。

程序清单如下：

```
EACH          CLRX
              LDA       SOURCE，X
              STA       MAX
              INCX
              LDA       SOURCE，X
              STA       MAX+1          ；取第一个数放入 MAX、MAX+1 单元
              INCX
LOOP          LDA       MAX
              CMP       SOURCE，X       ；先比较高字节
              BHI       NEXT           ；MAX、MAX+1 中数大则跳转到调整指针处
              BEQ       DONE0          ；高字节相等跳转到低字节比较处
              LDA       SOURCE，X
              STA       MAX
              INCX
              LDA       SOURCE，X
              STA       MAX+1          ；MAX、MAX+1 中数小则放入大数
              BRA       NEXT1          ；跳转到调整指针处
DONE0         INCX
              LDA       MAX+1
              CMP       SOURCE，X       ；比较低字节
              BHI       NEXT1
              BEQ       NEXT1
DONE          LDA       SOURCE，X
              STA       MAX+1
              DECX
              LDA       SOURCE，X
              STA       MAX
NEXT          INCX
NEXT1         INCX
              CPX       ♯NUM
```

```
        BLO     LOOP
```

二、加减法子程序

【例 4-4】 双字节补码加法子程序 DADD。

功能：把两个双字节二进制补码定点数相加，求和。

入口参数：两个双字节二进制补码定点数分别存放在 OPR1 和 OPR2 单元中（高位字节在前，低位字节在后）。

出口参数：和存放在 OPR1 单元中（高位字节在前，低位字节在后）。

程序清单如下：

```
OPR1    EQU     $60
OPR2    EQU     $62
DADD：  LDA     OPR1+1          ；低位字节相加
        ADD     OPR2+1
        STA     OPR1+1
        LDA     OPR1            ；高位字节相加
        ADC     OPR2
        STA     OPR1
        RTS
```

【例 4-5】 双字节补码减法子程序 DSUB。

功能：把两个双字节二进制补码定点数相减，求差。

入口参数：被减数存放在 OPR1 中，减数存放在 OPR2 中（高位字节在前，低位字节在后）。

出口参数：差存放在 OPR1 中（高位字节在前，低位字节在后）。

程序清单如下：

```
OPR1    EQU     $60
OPR2    EQU     $62
DSUB：  LDA     OPR1+1          ；低位字节相减
        SUB     OPR2+1
        STA     OPR1+1
        LDA     OPR1            ；高位字节相减
        SBC     OPR2
        STA     OPR1
        RTS
```

【例 4-6】 双字节求补子程序 DNEG。

功能：操作数为正数时求其相应的负数补码，操作数为负数补码时求其绝对值。

入口参数：操作数存放在 OPR1 中（高位字节在前，低位字节在后）。

出口参数：结果存放在 OPR1 中（高位字节在前，低位字节在后）。

程序清单如下：

```
DNEG：  COM     OPR1            ；高位字节取反
        NEG     OPR1+1          ；低位字节求补
```

```
            BCS     D1
            INC     OPR1        ;高位字节加进位
D1：        RTS
```

三、乘法子程序

1. 双字节无符号数乘法

方法 1：移位相加法。

假设无符号数乘法的被乘数存放在 $50、$51 单元中，乘数存放在 $54、$55 单元中，将乘积存在 $52、$53、$54 和 $55 单元中。该方法先将 32 位部分积的高 16 位清零，低 16 位存放乘数，然后把 32 位部分积（包括乘数）右移。如果移出位为 1，即乘数的第一位为 1，则把被乘数加到部分积的高 16 位上；否则不加。然后把 32 位部分积再右移一次（包含所有 32 位），同样若移出位为 1（乘数的第二位为 1），则将被乘数加到 32 位部分积的高 16 位上，否则不加。这样循环 16 次，可完成 16 位乘法。最后把 32 位部分积（含进位）再右移一次，就是 16 位乘积的值。

【例 4-7】 双字节无符号数乘法——移位相加法。

功能：两个双字节无符号数相乘。

入口参数：被乘数存放在 $50、$51 单元中，乘数存放在 $54、$55 单元中（高位字节在前，低位字节在后）。

出口参数：乘积存在 $52、$53、$54 和 $55 单元中（高位字节在前，低位字节在后）。

程序清单如下：

```
            ORG     $1000
DMUL：      CLR     $52         ;将 $52、$53 单元清 0
            CLR     $53
            LDX     ♯16         ;计数器置初值 16
            CLC                 ;清进位标志 C
ML1：       ROR     $52         ;$52～$55 单元右移一次
            ROR     $53
            ROR     $54
            ROR     $55
            BCC     ML2         ;若移出位为 1，执行加法，否则转 ML2
            LDA     $53
            ADD     $51
            STA     $53
            LDA     $52
            ADC     $50
            STA     $52
ML2：       DECX                ;计数器减 1
            BNE     ML1         ;不为 0，转 ML1
            ROR     $52         ;最后再右移一次
```

```
        ROR      $ 53
        ROR      $ 54
        ROR      $ 55
        RTS
```

方法 2：用 MUL 乘法指令。

无符号双字节乘法的算法如图 4 - 1 所示，说明 MUL 指令的扩展使用方法。

由图 4 - 1 可知，完成双字节乘法，需执行四次乘法，并需把每次的部分积累加起来。在乘和加的时候，一定要按图中位置对准各个字节。另外，在执行部分积相加时，可能产生进位，需把它加到高位字节上去，即使高位字节没有数据，也必须把可能的进位加到零上，再存入高位暂存字节中。运算的积为四个字节。

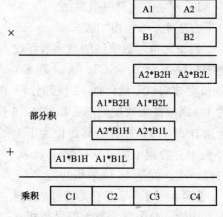

图 4 - 1　无符号双字节乘法的算法

【例 4 - 8】　双字节无符号数乘法——MUL 乘法指令。

功能：两个双字节无符号数相乘。

入口参数：被乘数存放在 A1、A2 单元中，乘数存放在 B1、B2 单元中（高位字节在前，低位字节在后）。

出口参数：乘积存在 C1、C2、C3 和 C4 单元中（高位字节在前，低位字节在后）。

程序清单如下：

```
A1          EQU      $ 50
A2          EQU      $ 51
B1          EQU      $ 52
B2          EQU      $ 53
C1          EQU      $ 54
C2          EQU      $ 55
C3          EQU      $ 56
C4          EQU      $ 57
UMUL16:  LDA      A2
         LDX      B2
         MUL                 ; A2 * B2
         STA      C4         ; A2 * B2 的低位字节 A2 * B2L 存入积的第四字节
         STX      C3         ; A2 * B2 的高位字节 A2 * B2H 存入积的第三字节
         LDA      A1
         LDX      B2
         MUL                 ; A1 * B2
         ADD      C3
         STA      C3         ; A1 * B2 的低位字节 A1 * B2L 加至积的第三字节
```

```
          TXA
          ADC      ♯0        ；高位加进位
          STA      C2        ；A1 * B2 的高位字节 A1 * B2H 加进位后存入积的第
                              二字节

          LDA      A2
          LDX      B1
          MUL                ；A2 * B1
          ADD      C3
          STA      C3        ；A2 * B1L 加至积的第三字节
          TXA
          ADC      C2
          STA      C2        ；高位带进位加至积的第二字节
          CLRA
          ADC      ♯0
          STA      C1        ；进位加至积的第一字节
          LDA      A1
          LDX      B1
          MUL                ；A1 * B1
          ADD      C2        ；A1 * B1 低位字节 A1 * B1L 加至积的第二字节
          STA      C2
          TXA
          ADC      C1
          STA      C1        ；高位带进位加至积的第一字节
          RTS
```

2. 双字节有符号数乘法

有符号双字节乘法的程序是：符号部分单独处理，数值部分是用被乘数和乘数的绝对值相乘求积的绝对值，因此求积的运算可以调用无符号双字节乘法子程序，最后根据积的符号将结果调整为补码形式。

【例 4 - 9】　双字节有符号数乘法。

入口参数：乘数存放在 OPR1：OPR1+1 单元中（OPR1＝msb，OPR1+1＝1sb）。被乘数存放在 OPR2：OPR2+1 单元中（OPR2＝msb，OPR2+1＝1sb）。被乘数、乘数用 16 位补码表示。

出口参数：乘积结果存放于 OPR1，…，OPR1+3 四个单元中（OPR1＝msb，OPR1+3＝1sb）。

程序清单如下：

```
SMULT16：    PSHX      ；保护现场
            PSHA
            AIS      ♯−1              ；SP−1 后指向新的堆栈区
            CLR      1, SP            ；清零乘积符号单元
```

	BRCLR	7, OPR1，ADR2	;乘数为非负数转 ADR2
	NEG	OPR1+1	;乘数为负，取绝对值
	BCC	NOS1	
	NEG	OPR1	
	BRA	ADR1	
NOS1：	COM	OPR1	
ADR1：	COM	1, SP	;乘积符号单元取反
ADR2：	BRCLR	7, OPR2，MLTSUB	;被乘数为正数转 MLTSUB
	NEG	OPR2+1	;被乘数为负，取绝对值
	BCC	NOS2	
	NEG	OPR2	
	BRA	ADR3	
NOS2：	COM	OPR2	
ADR3：	COM	1, SP	;乘积符号单元取反
MLTSUB：	JSR	UMULT16	;调双字节无符号乘法子程序
	LDA	1, SP	
	CMP	#1	
	BNE	DONE	;乘积为正数转 DONE
	LDX	#3	;乘积为负数则对乘积取补
COMP：	COM	OPR1, X	;取补的方法是取反加1
	DECX		
	BPL	COMP	
	LDA	OPR1+3	
	ADD	#1	
	STA	OPR1+3	
	LDX	#2	
CMP0：	LDA	OPR1, X	
	ADC	#0	
	STA	OPR1, X	
	DECX		
	BPL	CMP0	
DONE：	AIS	#1	;恢复堆栈指针
	PULA		;恢复现场
	PULX		
	RTS		

四、除法子程序

除法程序可以使用标准"移位相减"算法。首先将 16 位的余数区清零，然后余数区和被除数/商存放区一起左移一位，使被除数的最高位移入余数区的最低位，再将余数区内容与除数相减，若够减无借位，则被除数/商存放区最低位置 1，否则恢复余数区内容；再让余数区和被除数/商存放区一起左移一位，余数区内容与除数相减……，重复上余数区述过程直到移位 32 次为止。

【例 4 - 10】 无符号数 32 位/16 位的除法子程序。

入口参数：被除数存放在 OPR1：OPR1＋1：OPR1＋2：OPR1＋3（OPR1＝ msb，OPR1＋3＝1sb）四个单元中。除数存放在 OPR2：OPR2＋1（OPR2＝msb，OPR2＋1＝1sb）二个单元中。

出口参数：商存放在 OPR1＋2：OPR1＋3 单元（OPR1＋2＝msb，OPR1＋3＝1sb）。余数存放在 OPR1：OPR1＋1 单元（OPR1＝msb，OPR1＋1＝lsb）。溢出标志：OVER＝0，不溢出。OVER＝$ FF，溢出

程序清单如下：

```
DIV16：   PSHX                  ；保护现场
          PSHA
          CLR     OVER
          LDA     OPR1＋1        ；比较被除数高 2 字节与除数
          SUB     OPR2＋1
          LDA     OPR1
          SBC     OPR2
          BCS     A0
OV：      COM     OVER          ；大于、等于时溢出。
          RTS
A0：      LDX     ＃16
A1：      ASL     OPR1＋3        ；左移被除数四个字节一位
          ROL     OPR1＋2
          ROL     OPR1＋1
          ROL     OPR1
          BCS     A2            ；最高位移入 C＝1，部分余数大于除数
          LDA     OPR1＋1        ；比较部分余数与除数
          SUB     OPR2＋1
          LDA     OPR1
          SBC     OPR2
          BLO     A3            ；部分余数小于除数，该位商 0，继续循环移位
A2：      LDA     OPR1＋1        ；部分余数大于除数，相减
          SUB     OPR2＋1
          STA     OPR1＋1
          LDA     OPR1
          SBC     OPR2
          STA     OPR1
          INC     OPR1＋3        ；该位商 1
A3：      DBNZX   A1
```

```
        PULA
        PULX
        RTS
```

五、数制转换

人们习惯于十进制数，而在计算机内部二进制数运算速度较快，因此在二进制和十进制数之间经常要用到数制转换。下面分类介绍实现定点数制转换的方法。

1. 四位十进制整数转换为二进制数

四位的十进制整数 a3a2a1a0 可表示为 A＝(a3 * 10＋a2) * 100＋(a1 * 10＋a0)

【例 4－11】 四位十进制整数转换成双字节二进制整数子程序 DTOB。程序流程图如图 4－2、图 4－3 所示。

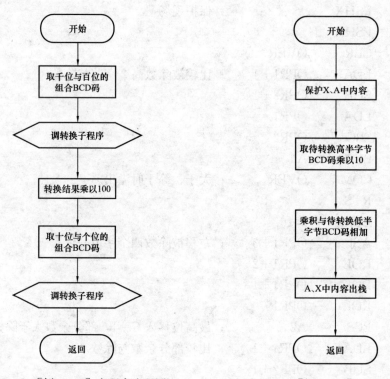

图 4－2　[例 4－11] 主程序流程图　　　　图 4－3　[例 4－11] 子程序流程图

功能：把双字节 BCB 码十进制数转换成二进制整数。

入口参数：待转换十进制数存放在 OPR1：OPR1＋1 中（OPR1＝a3a2，OPR1＋1＝a1a0）。

出口参数：转换成的二进制整数存放在 OPR1＋2：OPR1＋3 中（OPR1＋2＝msb，OPR1＋3＝1sb）。

程序如下：

```
DTOB:   CLR     OPR1+2
        CLR     OPR1+3
        LDA     OPR1
        JSR     SR0
```

```
        LDX     #100
        LDA     OPR1+3
        MUL
        STA     OPR1+3
        TXA
        ADD     OPR1+2
        STA     OPR1+2
        LDA     OPR1+1
        JSR     SR0
        RTS
SR0：   PSHX
        PSHA
        LSRA
        LSRA
        LSRA
        LSRA
        LDX     #10
        MUL                      ；积不会超过一个字节
        ADD     OPR1+3
        STA     OPR1+3
        PULA
        AND     #$0F
        ADD     OPR1+3
        STA     OPR1+3
        CLRA
        ADC     OPR1+2
        STA     OPR1+2
        PULX
        RTS
```

2. 二进制整数转换成五位十进制整数

已知二进制数值 A，要求将其转换成十进制整数，可采用除 10 取余的办法。把 A 除以 10，则余数必然为十进制整数的个位，把商再除以 10，可得到十位，……，直到最后余数为 0 为止。

【例 4 - 12】　双字节二进制整数转换成五位十进制整数子程序 BTOD。程序流程图 4 - 4 所示。

功能：把双字节二进制整数转换成 BCB 码十进制数。

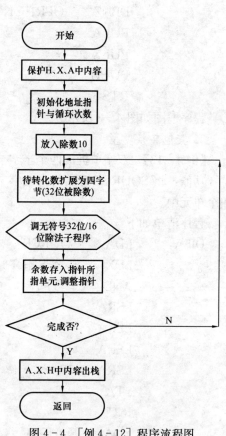

图 4 - 4　[例 4 - 12] 程序流程图

入口参数：待转换二进制数存放在 OPR1+2：OPR1+3 中（OPR1+2＝msb，OPR1+3＝1sb）。

出口参数：转换成的十进制整数存放在 OPR3：OPR3+1：…：OPR3+4 中（OPR3＝个位，OPR3+1＝十位，…，OPR3+4＝万位）。

程序如下：

```
BTOD:    PSHH
         PSHX
         PSHA
         LDHX    #OPR3
         LDA     #5；
         STA     OPR1+4              ；OPR1+4 作循环变量
         ASLA
         STA     OPR2+1              ；除数 10 存入 OPR2、OPR2+1
         CLR     OPR2
BTOD1:   CLR     OPR1                ；待转换数扩充为四字节
         CLR     OPR1+1
         JSR     DIV16               ；调用无符号除法子程序（例 4-10）
         MOV     OPR1+1, X+          ；存放一位十进制数，指针加 1
         DBNZ    OPR1+4, BTOD1       ；循环次数减 1
         PULA
         PULX
         PULH
         RTS
```

程序框图如图 4-3 所示。

3. 其他转换类型

【例 4-13】 双字节拆成四个半字节数据。

功能：将 SOURCE 开始的二个字节拆成四个半字节，并将结果存入 RESULT 开始的四个单元中。

程序清单如下：

```
DISA:    LDA     SOURCE
         LDX     #RESULT             ；取第一个待转换字节
         AND     #$F0                ；屏蔽低四位
         LSRA
         LSRA
         LSRA
         LSRA                        ；左移四位
         STA     , X                 ；保存
         INCX                        ；调整指针
         LDA     SOURCE              ；重新取第一个待转换字节
```

```
AND     #$0F            ；屏蔽高四位
STA     ,X              ；保存
INCX
LDA     SOURCE+1        ；取第二个待转换字节
AND     #$F0
LSRA
LSRA
LSRA
LSRA
STA     ,X
INCX
LDA     SOURCE+1
AND     #$0F
STA     ,X
```

【例 4-14】 查表求数字 0~9 的显示字模子程序。

功能：将 ACC 中存放的 0~9 的数字的字模从表中查出，存入 RESULT 单元中。

程序清单如下：

```
DISP    LDA     SOURCE
        CMP     #$00
        BLO     DRET            ；小于0返回
        CMP     #$09
        BHI     DRET            ；大于9返回
        TAX
        LDA     TAB,X           ；查表
        STA     RESULT
DRET    RTS
TAB     FCB     $3F,$06,$5B,$4F,$66
        FCB     $6D,$7D,$07,$7F,$6F
```

习 题 和 思 考 题

1. 指出下列指令的寻址方式。

(1) ADC $66；

(2) LSL ,X；

(3) ORA DATA，X（其中 DATA 为 $2030）；

(4) BRA DONE。

2. 请写出下列各段程序执行后，所列出的寄存器或内存单元中的内容（如某位内容不能确定，请将该位内容表示为?）。

(1) 已知（A）= $A3，(H：X) = $2000，（$2000）= $0F

```
        AND    , X
        XOR    ＃ $ 0F
        COMA
```

上述几条指令执行后，

(A)= _____ ，

(X)= _____ 。

(2) 已知（A）= $ CC66，

```
        ASRA
        ASRA
        ROLA
        ROLA
```

上述几条指令执行后，

(A)= _____ 。

3. 指令执行过程分析。

设某些存储单元及寄存器在指令执行前的内容如下（请注意，式中的等号"="不是"赋予号"，而是"等号"，例：（A）= $ 69，应理解为 A 寄存器中的内容等于 $ 69）：

已知条件：

(PC)= $ 1420　　　(A)= $ 69　　　(X)= $ 58　　　(SP)= $ 00C5　　　(CCR)= $ E9

内部 RAM 中自 $ 0056～ $ 005B 单元中的内容依次为

$ 54， $ 63， $ 64， $ 0A， $ 2C， $ D5

内部 RAM 中自 $ 0060～ $ 0068 单元中的内容依次为

$ 02， $ 38， $ 92， $ C4， $ 56， $ 44， $ 3D， $ 68， $ 9F

数据存储器自 $ 00C0 单元至 $ 00CA 单元的内容依次为

$ 33， $ 45， $ D5， $ 0C， $ 88， $ 73， $ 89， $ 09， $ A4， $ 34， $ 56

请将下列指令或指令序列执行前后有关存储单元及寄存器中的数据全部写出（不允许遗漏或写出多余的）。

例：RTS

解：执行前 (SP)= $ 00C5 ($ 00C6)= $ 89 ($ 00C7)= $ 09 (PC)= $ 1420

执行后 (SP)= $ 00C7 ($ 00C6)= $ 89 ($ 00C7)= $ 09 (PC)= $ 8909

(1) STA ， X	(2) LDA TAB, X (TAB 为 $ 000A)
(3) STX ， X	(4) LDX $ 65
(5) ADD $ 00C6	(6) SUB $ 63
(7) ADC $ 6A, X	(8) MUL
(9) CMP ＃7A	(10) NEGX
(11) TST $ C2	(12) AND $ 0010, X
(13) EOR ， X	(14) BIT $ 00C5
(15) CLRA	(16) COM $ 0E, X

4. $ 60 单元有一个带符号数（以补码形式存放），试编写一程序求其绝对值，存入 $ 70 单元。

5. 自 DATA 开始的区域中存有 100 个带符号一字节数（以补码形式存放），试编写一程序找出其中最大的数，存入 RESI 单元中。

6. 自 DATA 开始的区域中存有 16 个无符号 2 字节数，试编写一程序求出其累加和，存入 RESI 开始的单元中。

7. DATA 开始的区域中存放有 4 字节 8 位 BCD 码，试编写一程序将它们转换成 ASCII 码依次存放于以 RESLT 为首址的地方。

8. 存储器自 DATA 单元开始的区域中存储有 200 个（即 $C8 个）带符号一字节数（均为补码），求得它们的绝对值，并对应依次存放于存储器中自 RESI 单元开始的区域中。同时统计绝对值大于 50 的所有数据的个数存放于 COUNT 单元中。

9. 读下列程序，按照程序运行结果填空回答问题：

```
        ORG     $8100
BDTOAC： CLR     COUNT1
        CLR     COUNT2
BDTAC0： LDX     COUNT1
        LDA     DATA, X
        AND     ＃$0F
        ORA     ＃$30
        LDX     COUNT2
        STA     ASCII, X
        INC     COUNT2
        LDX     COUNT1
        LDA     DATA, X
        AND     ＃$0F0
        NSA
        ORA     ＃$30
        LDX     COUNT2
        STA     ASCII, X
        INC     COUNT2
        INC     COUNT1
        CPX     NUM
        BLO     BDTAC0
        RTS
```

（1）该程序的目标程序自_____单元开始存放。

（2）该程序的源地址区域在_____单元至_____单元。

（3）该程序存放结果的目标地址在_____单元至_____单元之内。

（4）在 ASCII 单元至_____单元中存放的是自_____单元至_____单元源地址区域中所有_____（指满足某种条件的数据类型）的_____（指程序操作的结果）。

（5）"AND ＃$0F" 指令及其后一条指令的目的是_____。

（6）COUNT1、COUNT2 在程序中分别用作为源_____和目标_____。

（7）该程序的意图是＿＿＿＿＿＿＿＿＿＿＿＿＿＿＿＿＿＿＿＿＿＿＿＿＿＿＿＿

＿＿＿＿＿＿＿＿＿＿＿＿＿＿＿＿＿＿＿＿＿＿＿＿＿＿＿＿＿＿＿＿＿＿＿＿＿＿＿

＿＿＿＿＿＿＿＿＿＿＿＿＿＿＿＿＿＿＿＿＿＿＿＿＿＿＿＿＿＿＿＿＿＿＿＿＿＿。

注意：程序中 COUNT1、COUNT2 是 8 位地址，DATA、ASCII 是 16 位地址。NUM 是 1 字节的整数。

第五章 并行接口、键盘和 A/D 转换器

本章主要介绍并行接口、键盘和 A/D 转换器的结构、功能，并结合简单的应用实例介绍了它们的使用方法。

第一节 并 行 接 口

并行接口用于 MCU 与外部设备之间以并行方式交换数据。在 MC68HC908GP32 中并行接口、键盘和 A/D 转换器共用 I/O 引脚。

MC68HC908GP32 有 5 个双向并行接口：PTA、PTB、PTC、PTD、PTE，共 33 根 I/O 引脚。其中 A、B、D 端口为 8 位，C 端口为 7 位，E 端口为 2 位。当 A、C 和 D 端口作为输入时，可以由软件编程选择内部是否连接"上拉电阻"。而当其转为输出端口时"上拉电阻"自动失效。

并行接口作输出端口时，预先写入端口数据寄存器的内容将会输出到并行接口的引脚；"读并行接口"时读出的是并行接口数据寄存器的内容；

并行接口作为输入端口时，"读并行接口"时读出的是并行接口引脚的输入信息。

一、端口寄存器和引脚分配

C 口是单一功能的双向并行 I/O 端口。

A、B、D、E 端口的引脚分别与其他功能模块（KBD、ADC、SPI、TIM、SCI）的引脚复用。由软件编程选择。

表 5-1 给出了各个端口的寄存器和引脚分配。

表 5-1　　　　　　　　　　　　端口的寄存器和引脚分配

并口	位	方向寄存器	功能复用		引　脚
A	0	DDRA0	KBD	KBIE0	PTA0/KBD0
	1	DDRA1		KBIE1	PTA1/KBD1
	2	DDRA2		KBIE2	PTA2/KBD2
	3	DDRA3		KBIE3	PTA3/KBD3
	4	DDRA4		KBIE4	PTA4/KBD4
	5	DDRA5		KBIE5	PTA5/KBD5
	6	DDRA6		KBIE6	PTA6/KBD6
	7	DDRA7		KBIE7	PTA7/KBD7
B	0	DDRB0	ADC	CH0	PTB0/ATD0
	1	DDRB1		CH1	PTB1/ATD1
	2	DDRB2		CH2	PTB2/ATD2
	3	DDRB3		CH3	PTB3/ATD3
	4	DDRB4		CH4	PTB4/ATD4
	5	DDRB5		CH5	PTB5/ATD5
	6	DDRB6		CH6	PTB6/ATD6
	7	DDRB7		CH7	PTB7/ATD7

并口	位	方向寄存器	功能复用		引　脚
C	0	DDRC0			PTC0
	1	DDRC1			PTC1
	2	DDRC2			PTC2
	3	DDRC3			PTC3
	4	DDRC4			PTC4
	5	DDRC5			PTC5
	6	DDRC6			PTC6
D	0	DDRD0	SPI		PTD0/$\overline{SS}$
	1	DDRD1			PTD1/MISO
	2	DDRD2			PTD2/MOSI
	3	DDRD3			PTD3/SPSCK
	4	DDRD4	TIM1		PTD4/T1CH0
	5	DDRD5			PTD5/T1CH1
	6	DDRD6	TIM2		PTD6/T2CH0
	7	DDRD7			PTD7/T2CH1
E	0	DDRE0	SCI		PTE0/T_XD
	1	DDRE1			PTE1/R_XD

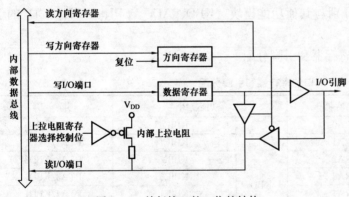

图 5-1　并行接口的一位的结构

二、MC68HC08 并行接口的功能和结构

MC68HC08 并行接口由端口数据寄存器 PTX（X=A，B，…），数据方向寄存器 DDRX（X=A，B，…），输入时内部上拉电阻选择寄存器 PTXPUE（X=A，C，…）等组成。图 5-1 给出了并行接口的一位的结构。

三、端口寄存器

1. A 口寄存器和键盘中断寄存器

（1）数据寄存器 PTA，地址：$0000。

（2）方向寄存器 DDRA，地址：$0004。

DDRA 由 DDRA0～DDRA7 共 8 位，每位控制 A 端口相应引脚的数据传输方向。

1：A 端口相应引脚为输出。

0：A 端口相应引脚为输入。

（3）内部上拉电阻选择寄存 PTAPUE，地址：$000D。

1：A 端口相应引脚有内部上拉电阻。

0：A 端口相应引脚不接内部上拉电阻。

A 端口的引脚功能如表 5-2 所示。

表 5-2　　　　　　　　　　　　A 端口的引脚功能

PTAPUE 1位	DDRA 1位	PTA 1位	I/O引脚 1位	读/写 DDRA	读/写 PTA	
				读/写	读	写
1	0	×	输入，引脚上拉至 V_DD	DDRA7~DDRA0	引脚	PTA7~PTA0 注
0	0	×	输入，高阻	DDRA7~DDRA0	引脚	PTA7~PTA0 注
×	1	×	输出	DDRA7~DDRA0	PTA7~PTA0	PTA7~PTA0

注　写入到数据寄存器，但不影响输入值。

A 端口既可以作为通用的双向 I/O 端口使用，也可以作为键盘输入线使用，按键时产生键盘中断。有关键盘中断的寄存器有两个：INTKBSCR、INTKBIER。

（4）键盘中断状态控制寄存器 INTKBSCR，地址：$001A。

位	7	6	5	4	3	2	1	0	
R	—	—	—	—	KEYF	0	IMASKK	MODEK	地址：
W					—	ACKK			$001A
复位值	0	0	0	0	0	0	0	0	

KEYF：键盘中断标志位。1：有键盘中断；0：无键盘中断。

ACKK：键盘中断响应位，该位写入 1，清除键盘中断请求。

IMASKK：键盘中断屏蔽位。1：禁止键盘中断；0：允许键盘中断。

MODEK：键盘中断触发方式位。1：键盘输入线发生负跳变或低电平触发键盘中断；0：键盘输入线发生负跳变时触发键盘中断。

（5）键盘中断使能寄存器 INTKBIER，设定 A 端口为通用 I/O 端口或键盘输入端口，地址：$001B。

1：A 端口相应引脚有键按下时，置位 KEYF；若 IMASKK＝0，发中断请求。

0：A 端口相应引脚为通用 I/O 线。

键盘中断模块初始化步骤：

（1）1→IMASKK　　　　　；禁止键盘中断

（2）1→INTKBIER 相应位　；设置为键盘输入

（3）1→ACKK　　　　　　；清除中断标志

（4）0→IMASKK　　　　　；允许键盘中断

2．B 端口寄存器

（1）数据寄存器 PTB，地址：$0001。

（2）方向寄存器 DDRB，地址：$0005。

B 端口寄存器 PTB、DDRB 的作用与 A 端口相似，同时 B 端口的引脚还与 A/D 转换器的输入引脚复用，详细叙述见 A/D 转换器一节。

3. C端口寄存器

（1）数据寄存器 PTC，地址：$0002。

（2）方向寄存器 DDRC，地址：$0006。

（3）内部上拉电阻选择寄存 PTCPUE，地址：$000E。

C端口寄存器 PTC、DDRC、PTCPUE 的作用与 A端口相似。

4. D端口寄存器

（1）数据寄存器 PTD，地址：$0003。

（2）方向寄存器 DDRD，地址：$0007。

（3）内部上拉电阻选择寄存 PTDPUE，地址：$000F。

D端口寄存器 PTD、DDRD、PTDPUE 的作用与 A端口相似。同时 D端口的引脚还与 SPI、TIM 的 I/O 引脚复用，详细叙述见串行端口、定时器一章。

5. E端口寄存器

（1）数据寄存器 PTE，只用最低两位，地址：$0008。

（2）方向寄存器 DDRE，只用最低两位，地址：$000C。

E端口寄存器 PTE、DDRE 的作用与 A端口相似，同时 E端口的引脚还与 SCI 的 TxD、RxD 引脚复用，详细叙述见串行口一章。

四、并行接口应用举例

例如，有一组开关 K0、K1、…、K7，与其对应有一组发光二极管 LED0、LED1、…、LED7，当某个开关合上时，要求对应的 LED 点亮。用并行口设计实现所要求的功能。

接口设计的硬件电路部分如图 5-2 所示。

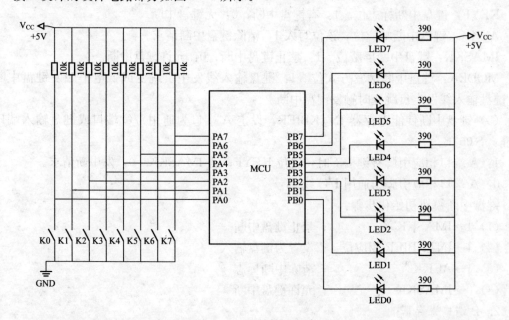

图 5-2　LED 接口电路

程序清单如下：

```
PTA    EQU    $0000        ;定义寄存器
PTB    EQU    $0001
```

```
DDRA      EQU      $ 0004
DDRB      EQU      $ 0005
          ORG      $ 8000
START：LDA        ＃$ 00
          STA      DDRA          ；A 口方向为输入
          LDA      ＃$ FF
          STA      PTB           ；B 口先写数据，全 1，所有 LED 灭
          STA      DDRB          ；B 口方向为输出
LOP：  LDA        PTA
          STA      PTB
          JMP      LOP
          ORG      $ FFFE
          FDB      START
```

第二节 A/D 转 换 器

一、A/D 转换器的特性

A/D 转换器具有如下特性：

（1）8 通道多路输入；

（2）单调的线性逐次逼近转换方式；

（3）8 位分辨率；

（4）单次或连续两种转换方式；

（5）具有转换完成标志和转换完成中断；

（6）可选择的 ADC 时钟。

二、A/D 转换器的功能和引脚

A/D 转换器框图如图 5-3 所示，PTB7/AD7 ～ PTB0/AD0 是 A/D 转换器 ADC 的 8 路模拟量输入引脚。ADC 内有一个模拟多路开关来选择 8 路中的一路模拟电压信号进入 A/D 转换器。当转换完成后，ADC 把结果存放在 ADC 数据寄存器中，并设立标志或产生中断请求。

三、ADC 寄存器

（1）ADC 状态控制寄存器

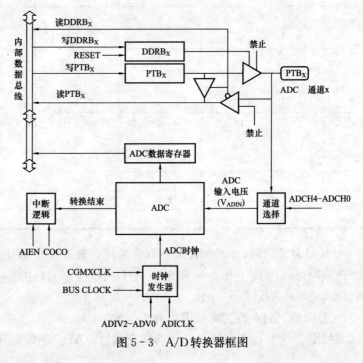

图 5-3 A/D 转换器框图

ADSCR，地址：$003C。

位	7	6	5	4	3	2	1	0	
R W	COCO	AIEN	ADCO	ADCH4	ADCH3	ADCH2	ADCH1	ADCH0	地址：$003C
复位值	0	0	0	1	1	1	1	1	

COCO：A/D 转换完成标志。一次 A/D 完成以后，COCO 置"1"，在连续转换方式中第一次 A/D 转换完成以后 COCO 置"1"。当 AIEN＝0，COCO 只可读出，读出 ADR 或写入 ADSCR 清零 COCO；当 AIEN＝1，COCO 可读/写，CPU 响应中断后应清零 COCO。

AIEN：A/D 中断允许位。若 COCO＝1，AIEN＝1，则产生 A/D 中断请求信号；AIEN＝0，则禁止 A/D 中断。

ADCO：A/D 连续转换控制位。ADCO＝1，A/D 工作于连续方式，每次 A/D 转换结束以后结果写入 A/D 数据寄存器 ADR，而不管 CPU 是否读取先前的 A/D 结果；ADCO＝0，A/D 工作于单次方式，一次 A/D 转换完成以后，结果保存在 A/D 数据寄存器，直至 CPU 读取为止。

ADCH4～ADCH0：A/D 输入通路选择位和 A/D 模块选择位。ADCH4～ADCH0 为全"1"时禁止 A/D 转换。通路选择对应关系如表 5-3 所示。

表 5-3　　　　　　　　　　　　多 路 模 拟 通 路 选 择

ADCH4	ADCH3	ADCH2	ADCH1	ADCH0	输入选择
0	0	0	0	0	PTB0/AD0
0	0	0	0	1	PTB1/AD1
0	0	0	1	0	PTB2/AD2
0	0	0	1	1	PTB3/AD3
0	0	1	0	0	PTB4/AD4
0	0	1	0	1	PTB5/AD5
0	0	1	1	0	PTB6/AD6
0	0	1	1	1	PTB7/AD7
0 ↓ 1	1 ↓ 1	0 ↓ 1	0 ↓ 0	0 ↓ 0	保留
1	1	1	0	1	V_{REFH}
1	1	1	1	0	V_{REFL}
1	1	1	1	1	关 ADC 电源

MCU 复位以后，ADSCR 的初值为 $1F，处于禁止 A/D 工作状态。在 WAIT 方式下，A/D 模块可以继续工作，如果允许 A/D 中断，A/D 中断唤醒 MCU 退出空闲方式，在 STOP 方式下 A/D 停止工作。

（2）ADC 数据寄存器 ADR，地址：$003D。

ADR 是个只读寄存器，A/D 转换完成后，ADC 把数据存入 ADR，读 ADR 就得到 A/

D 转换的结果。

（3）ADC 时钟选择寄存器 ADCLK，地址：$003E。

位	7	6	5	4	3	2	1	0	
R	ADIV2	ADIV1	ADIV0	ADICLK	0	0	0	0	地址：
W					—	—	—	—	$003E
复位值	0	0	0	0	0	0	0	0	

ADICLK：A/D 时钟输入选择位。1：选内部总线时钟作 A/D 输入时钟；0：选 CGMXCLK 作 A/D 输入时钟。

ADIV2～ADIV0：A/D 输入时钟分频系数选择位，如表 5 - 4 所示。

表 5 - 4　　　　　　　　　　　　　**A/D 输入时钟分频系数选择**

ADIV2	ADIV1	ADIV0	分频系数
0	0	0	1
0	0	1	2
0	1	0	4
0	1	1	8
1	X	X	16

四、A/D 转换器应用举例

MC68HC908GP32 有 8 路 A/D 转换器，与并行 I/O 口 PORTB 复用 8 个芯片引脚。

例如，通过 A/D 转换器的通道 0，将电压输入转换成数字量，并与 RAM 单元 VMAX 与 VMIN 中存放的上、下限比较，若电压输入超过上限，则 LED0 亮起报警，超过下限，则 LED1 亮起报警（内部总线频率为 8MHz）。接口电路如图 5 - 4 所示。

程序清单如下：

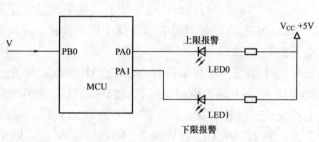

图 5 - 4　接口电路

```
ADSCR    EQU    $003C       ;定义寄存器
ADR      EQU    $003D
ADCLK    EQU    $003E
PTA      EQU    $0000
DDRA     EQU    $0004
VMAX     EQU    $00A0
VMIN     EQU    $00A1
  ……
LDA      #$FF
STA      PTA                ;A 口数据全为 1，灭 LED0、LED1
STA      DDRA               ;A 口为输出
```

	LDA	＃＄70	
	STA	ADCLK	；设 A/D 时钟频率为 1MHZ
	LDA	＃％00100000	
	STA	ADSCR	；写入 A/D 控制字，启动 A/D 转换
LOP：	BRCLR	7，ADSCR，LOP	；判断 A/D 转换完成否
	LDA	ADR	；读入 A/D 转换结果
	CMP	VMAX	；与上限值比较
	BHS	LCM	
	CMP	VMIN	；与下限值比较
	BLS	LCN	
	LDA	＃＄FF	；未超上、下限，两个 LED 均不亮
	LMP	CONTI	
LCM：	LDA	＃＄FE	；大于上限值，点亮 LED0
	JMP	CONTI	
LCN：	LDA	＃＄FD	；小于下限值，点亮 LED1
CONTI：	STA	PTA	
	JMP	LOP	

习 题 和 思 考 题

1. CPU 从并行接口读一个数据，这个数据的含义与端口的什么设置有关？

2. 当 A/D 转换器设置为连续工作方式时，应该怎样设计数据采集程序才能保证数据不会丢失？

3. 如图 5-5 所示，若在 MC68HC908GP32 的 AN0（即 PTD0）引脚上及 AN1（即 PTD1）引脚上输入模拟电压 U_{i0} 和 U_{i1} 信号，当 $0V < U_{i0} \leqslant 2.5V$ 时，则使接在 PC 口 PC1 脚上的发光二极管不发光；当 $0V < U_{i1} \leqslant 2.5V$ 时，则使接在 PC 口 PC2 脚上的发光二极管不发光；当 $2.5V < U_{i0} \leqslant 5V$ 或 $2.5V < U_{i1} \leqslant 5V$ 时，则使接在 PC 口 PC1 脚或 PC2 脚上的对应发光二极管发光（PC 口相应脚为 0 时发光二极管发光）。试编程完成上述功能。

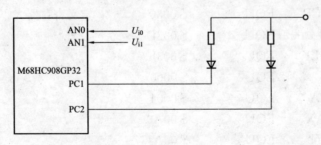

图 5-5　硬件连接图

第六章 定时系统 (TIM、TBM)

定时器接口模块可用来实现各种定时操作和测量外部输入信号的时间参数。本章以 MC68HC908GP32 为例在介绍定时系统 TIM、TBM 的结构与功能的基础上，结合实例详细讲解了定时器系统的应用。

第一节 定时器接口模块 TIM

一、TIM 的特性

（1）两个输入捕捉/输出比较通道。

（2）缓冲的和无缓冲的脉宽调制 (Pulse Width Modulation，PWM) 信号（有的型号的 MC68HC08 单片机有专用的脉宽调制器模块 PWMMC，可提供控制三相电机转速的 PWM 信号）。

（3）可编程的 TIM 时钟，可选择七种内部总线时钟的分频因子。

（4）16 位自由运行或按模运行的加 1 计数器。

（5）溢出时可触发任一通道引脚。

（6）计数器停止和复位控制。

（7）可扩展为 8 通道的模块结构。

MC68HC908GP32 有两个功能完全相同的定时器接口模块 TIM1 和 TIM2。我们以 TIM [1，2] 或 TIM 表示。每个模块有两个通道，以 T [1，2] CH0、T [1，2] CH1 或 TCH0、TCH1 表示。每个通道有一个 I/O 引脚，在 GP32 中这些引脚与并行口 PTD 的 I/O 引脚 PTD4～PTD7 复用。TIM 通道引脚的分配如表 6-1 所示。

表 6-1 MC68HC908GP32TIM 通道引脚分配

TIM [1、2]	T [1、2] CH0	T [1、2] CH1
TIM1	PTD4/T1CH0	PTD5/T1CH1
TIM2	PTD6/T2CH0	PTD7/T2CH1

1. TIM 的结构

定时器接口模块内部有 16 位的计数器 TCNT，16 位模式寄存器 TMOD，8 位模块状态控制寄存器 TSC，两个 16 位通道寄存器 TCH0、TCH1，两个 8 位的通道状态控制寄存器 TSC0、TSC1，比较器、控制逻辑单元和通道 I/O 引脚。TIM 的结构框图如图 6-1 所示。

2. TIM 的功能

（1）计数器 TCNT 的功能。TCNT 为 16 位的加 1 计数器，计数的时钟源是内部总线时钟的分频信号（MC68HC08 系列单片机某些型号有 TCLK 引脚，可以输入外部脉冲，此时 TIM 可以编程为外部脉冲的计数器。但 MC68HC908GP32 没有 TCLK 引脚）。计数器 TCNT 的计数范围由模式寄存器 TMOD 的值确定，当 TCNT 的计数值增加到与 TMOD 的内容相等时，清零 TCNT，使 TCNT 从零开始重新计数，并置位溢出中断标志。若允许发中断请求则向 CPU 请求中断。复位以后，模式寄存器 TMOD 初值为 $FFFF，使 TCNT 计数

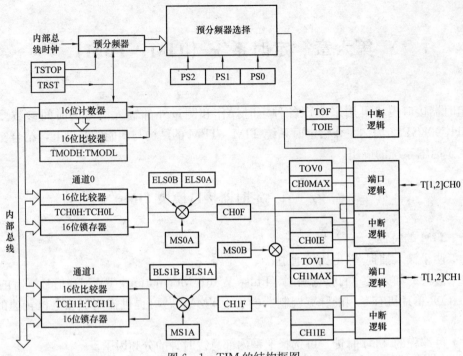

图 6-1 TIM 的结构框图

范围为 0~$FFFF。对 TMOD 中写入 n 以后，TCNT 的计数范围为 0~n，从而使 TCNT 的溢出周期是可编程的。软件可以禁止 TCNT 计数、复位 TCNT、启动 TCNT 计数。任何时候，CPU 可以读 TCNT 的计数值而不影响 TCNT 的计数。

（2）TIM 的通道功能。TIM 的每个通道具有多种功能供用户选择。可以编程为软件定时器、输入捕捉、输出比较或脉冲宽度调制输出（PWM）。

1）软件定时器：不使用通道的 I/O 引脚（对应 I/O 引脚作为普通输入/输出线，或通道没有配置 I/O 引脚，如 DIP-40 封装的 MC68HC908GP32 的 TIM2）。通道寄存器用作比较寄存器，当 TCNT 的计数值和通道寄存器内容比较的结果是相等时，置"1"通道标志、产生中断请求。在中断服务程序中读出通道寄存器内容加上常数 data 后写回通道寄存器，这样使通道产生时间一定的定时中断。定时时间由 data 值和 TCNT 的计数时钟周期确定 [data 最大值不大于（TMOD）]。

2）输入捕捉：输入捕捉有时也称高速输入。当通道工作于输入捕捉方式时，通道引脚作为外部信号的输入脚，通道寄存器作为输入捕捉寄存器，当跳变检测电路检测到通道引脚上输入信号发生有效跳变以后，TCNT 当前的计数值锁存到通道寄存器，并置"1"通道标志 TCH [0，1] F。若允许发中断请求则向 CPU 请求中断。输入捕捉的触发电平（即有效跳变）可以通过对通道状态控制寄存器 TSC [0，1] 编程选择为正跳变、负跳变或跳变（正负跳变）。

若选择正跳变触发方式，可以测试输入信号的周期或频率。若第一次捕捉到输入信号时的计数值为 n1，第二次捕捉到 TCNT 的计数值为 n2，其间 TCNT 计数溢出的次数为 n3，模式寄存器 TMOD 值为 n4，TCNT 计数时钟周期为 t，则外部输入信号周期 T 为

$$T = [n3 \times (n4+1) + (n2-n1)] \times t$$

若采用跳变触发方式可以测量输入信号高电平或低电平的宽度。在读计数值时，先读高 8 位，禁止捕捉，后读低 8 位，允许捕捉。

3）输出比较：输出比较分无缓冲输出比较和缓冲输出比较两种。

（a）无缓冲输出比较：TCH0、TCH1 通道都可独立设置成无缓冲输出比较通道。当某通道设置成无缓冲输出比较通道时，可以产生可编程的极性、周期和频率的脉冲。当计数器计数到输出比较通道寄存器的内容时，可置位、复位或触发该通道输出引脚。欲改变输出比较值，需要写新值去覆盖 TIM 通道寄存器中的旧值，写新值的操作应安排在输出比较的中断服务程序中，这样就能保证在完成旧值的输出比较后再按新值执行。

（b）缓冲输出比较：当通道 0 状态控制寄存器 TSC0 中的 MS0B 位置 1 时，通道 TCH0 和 TCH1 组成缓冲输出比较通道，通道输出为 TCH0 引脚。开始时通道寄存器 TCH0 内容作为输出比较值控制输出引脚，每次输出比较值是由 TCH0，TCH1 寄存器最后进行写操作的那个寄存器的内容决定。此外在通道 0、通道 1 组成缓冲输出比较通道时，不能对当前正在使用的通道寄存器 TCH0 或 TCH1 进行写操作。否则将导致无缓冲比较输出。此时通道 TCH1 的寄存器 TSC1 未使用，TCH1 通道的引脚可作通用 I/O 使用。缓冲器方式仅对 TCH0 有效。

4）PWM 功能：由于 PWM 信号是由输出比较实现的，因此也有无缓冲和缓冲 PWM 信号产生两种情况。

（a）无缓冲 PWM 信号产生：使用输出比较通道的溢出触发功能可以产生 PWM 信号。TIM 计数器模式寄存器值决定 PWM 信号的周期。当计数器计数到与通道寄存器内容相同时，通道输出引脚被触发，输出引脚原来是低电平则触发成高电平，原来为高电平则触发成低电平。两次溢出之间的时间即为脉冲重复周期，溢出与输出比较触发之间的时间为脉冲宽度，如图 6-2 所示（写新值的操作与输出比较的方式相同）。

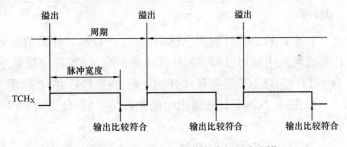

图 6-2　PWM 波形（脉冲宽度和重复周期）

（b）缓冲 PWM 信号产生：当 TSC0 中的 MS0B 位置 1 时，通道 TCH0、TCH1 组合起来构成一个缓冲 PWM 通道。PWM 信号由 TCH0 引脚输出，由两个通道寄存器共同控制输出比较值。

若（TMOD）＝n1，TCH[0，1]＝n2，TCNT 计数时钟周期为 t，则

PWM 周期：$T=n1*t$

高电平宽度：$TH=n2*t$

低电平宽度：$TL=(n1-n2)*t$

占空比：$TH/T=n2/n1$

二、TIM 寄存器

1. 计数器 TCNT

16 位的计数寄存器 TCNT 由高 8 位 T[1，2]CNTH 和低 8 位 T[1，2]CNTL 寄存器组成。MC68HC08 复位以后，TCNT 初值为 0。它们保存计数器的计数值。对于

MC68HC908GP32，TCNT 寄存器在存储空间的分布如下：

T1CNTH：$ 21，T1CNTL：$ 22，

T2CNTH：$ 2C，T2CNTL：$ 2D

2. 模式寄存器 TMOD

16 位的模式寄存器 TMOD 由高 8 位 T [1，2] TMODH 和低 8 位 T [1，2] TMODL 寄存器组成，TMOD 复位以后初值为 $ FFFF。对于 GP32，TMOD 模式寄存器在存储空间的分布如下：

T1MODH：$ 23，T1MODL：$ 24

T2MODH：$ 2E，T2MODL：$ 2F

在对 TMODH 写入以后，禁止 TCNT 溢出中断标志置位；在对 TMODL 写入以后，又允许 TCNT 溢出中断标志置"1"。

3. TIM 状态控制寄存器 TSC

TIM 的状态控制寄存器 T [1，2] SC 存放计数器 TCNT 的状态控制位，复位以后初态为零。MC68HC908GP32 的 T1SC、T2SC 的地址分别为 $ 20 和 $ 2B，T [1，2] SC 的格式如下：

位	7	6	5	4	3	2	1	0	地址：
R	TOF	TOIE	TSTOP	0	0	PS2	PS1	PS0	$ 0020
W	0			TRST	—				或
复位值	0	0	0	0	0	0	0	0	$ 002B

TOF：TCNT 计数溢出标志位。1：TCNT 计数值达到与 TMOD 内容一致；0：TCNT 计数值尚未达到与 TMOD 内容一致。当 TCNT 计数值达到与 TMOD 内容一致时，清零 TCNT，使 TCNT 重新从 0 开始计数。读 TSC 并对 TOF 写入 0 后清零 TOF。

TOIE：TCNT 计数溢出中断允许位。1：允许向 CPU 请求中断；0：禁止向 CPU 请求中断。

TSTOP：TCNT 计数禁止位。1：TCNT 停止计数；0：允许 TCNT 计数。

TRST：TCNT 计数器复位控制位。1：复位预分频器和 TCNT（即使 TCNT＝0）；0：对 TCNT 无影响。

PS2～PS0：分频器分频系数选择位。

选择内部时钟作为 TCNT 计数时钟时，计数时钟由内部总线时钟分频产生，分频系数由 PS2～PS0 选择，其对应关系如表 6 - 2 所示。

表 6 - 2　　　　　　　　　　分频器分频系数

PS2	PS1	PS0	分频系数	PS2	PS1	PS0	分频系数
0	0	0	1	1	0	0	16
0	0	1	2	1	0	1	32
0	1	0	4	1	1	0	64
0	1	1	8	1	1	1	无效或外部时钟

4. 通道寄存器

每个通道有一个 16 位通道寄存器 TCH [0，1]。复位以后，通道寄存器初态是不确定的。每个通道寄存器由高 8 位和低 8 位寄存器组成。对于 MC68HC908GP32，通道寄存器地址分配如下：

T1CH0H：$26，T1CH0L：$27

T1CH1H：$29，T1CH1L：$2A

T2CH0H：$31，T2CH0L：$32

T2CH1H：$34，T2CH1L：$35

5. TIM 通道状态控制寄存器

TIM 的每一个通道有一个 8 位通道状态控制寄存器。其中 MC68HC908GP32 的通道寄存器在存储器空间的地址分布以及格式如下：

T1SC0：$0025，T2SC0：$0030

位	7	6	5	4	3	2	1	0	地址：
R	CH0F	CH0IE	MS0B	MS0A	ELS0B	ELS0A	TOV0	CH0MAX	$0025
W	0								$0030
复位值	0	0	0	0	0	0	0	0	

T1SC1：$0028，T2SC1：$0033

位	7	6	5	4	3	2	1	0	地址：
R	CH1F	CH1IE	0	MS1A	ELS1B	ELS1A	TOV1	CH1MAX	$0028
W	0		—						$0033
复位值	0	0	0	0	0	0	0	0	

CH [0，1] F：通道中断标志位。通道作为输入捕捉方式时，当 TCH [0，1] 引脚输入电平发生有效跳变时置 1CH [0，1] F；通道工作于软件定时、输出比较、PWM 方式时，当 TCNT 计数值和通道寄存器内容相等时置 1CH [0，1] F。任何情况下，读 TSC [0，1] 寄存器并对 CH [0，1] F 位写入 0 时清零 CH [0，1] F。1：有输入捕捉和输出比较中断；0：无输入捕捉和输出比较中断。

CH [0，1] IE：通道中断允许位。1：允许向 CPU 请求中断；0：禁止通道发中断请求。

MS0B：模式选择位 B。选择 CH0 输出比较/PWM 的缓冲器方式。1：缓冲的输出比较/PWM 方式；0：无缓冲的输出比较/PWM 方式。

MS0A：模式选择位 A。若 ELS0B：A≠00，MS0A 位选择输入捕捉或无缓冲的输出比较/PWM 方式。1：无缓冲的输出比较/PWM 方式；0：输入捕捉方式。

表 6-3 和表 6-4 列出了 CH0、CH1 的方式和电平选择。

表 6-3　　　　　　　　　　T [1，2] CH0 方式和电平选择

MS0B	MS0A	ELS0B	ELS0A	方　式	通道引脚 I/O 电平选择
×	0	0	0	输出预置	通道引脚受 I/O 口寄存器控制
×	1	0	0		通道引脚受 I/O 口寄存器控制

MS0B	MS0A	ELS0B	ELS0A	方　式	通道引脚 I/O 电平选择
0	0	0	1	输入 捕捉	仅上升沿捕捉
0	0	1	0		仅下降沿捕捉
0	0	1	1		上升或下降沿捕捉
0	1	0	1	输出比较或 PWM（非缓冲）	触发输出（比较符合时输出跳变）
0	1	1	0		清"0"输出（比较符合时输出低）
0	1	1	1		置"1"输出（比较符合时输出高）
1	×	0	1	输出比较或 PWM（缓冲）	触发输出（比较符合时输出跳变）
1	×	1	0		清"0"输出（比较符合时输出低）
1	×	1	1		置"1"输出（比较符合时输出高）

表 6 - 4　　　　　　　　　　T［1，2］CH1 方式和电平选择

MS1A	ELS1B	ELS1A	方　式	通道引脚电平选择
0	0	0	输出预置	通道引脚输出
1	0	0		通道引脚输出
0	0	1	输入捕捉	仅上升沿捕捉
0	1	0		仅下降沿捕捉
0	1	1		上升或下降沿捕捉
1	0	1	输出比较或 PWM（非缓冲）	触发输出（比较符合时输出跳变）
1	1	0		清零输出（比较符合时输出低）
1	1	1		置"1"输出（比较符合时输出高）

三、TIM 的应用举例

1. 定时中断

定时功能是单片机系统中常用的功能，在实时系统中，常有定时采样、定时控制量输出、定时显示刷新等要求。现给出一通用定时中断处理程序，若总线频率为 2MHz，分频因子为 32，则计数器每 $16\mu s$ 计数值加 1。如果要得到 1s 间隔的定时溢出，即每隔 1s 定时处理采样或控制输出等操作，可以预置计数寄存器为 $F424。程序清单如下：

```
        T1SC      EQU       $0020        ;定义寄存器地址
        CONFIG1   EQU       $001F
        T1MODH    EQU       $0023
        T1MODL    EQU       $0024
        ORG       $8000
START： MOV       #1，CONFIG1
        JSR       PLLS                   ;执行 PLL 编程子程序
        MOV       #$F4，T1MODH            ;送定时器预置计数值
        MOV       #$24，T1MODL
        MOV       #$55，T1SC              ;设置定时器控制/状态寄存器
```

```
           LDHX       #$140
           TXS                        ; $13F→SP
           CLI                        ; 开中断
GOON:      ……                        ; 键盘查询处理，显示等功能可
                                        安排在这一段

           JMP        GOON            ; 循环执行主程序
TINT:      JSR        CONTROL         ; 定时器预置溢出中断服务子程
                                        序，首先调定时处理子程序

           LDA        T1SC            ; 读取状态和控制寄存器
           BCLR       7，T1SC         ; 清定时器溢出标志位
           MOV        #$F4，T1MODH
           MOV        #$24，T1MODL
           RTI
CONTROL:   ……                        ; 定时采样、定时控制量输出
           RTS
PLLS:      LDA        #$0             ; 外晶振32.768kHz，总线时钟
                                        编程为2MHz

           STA        PCTL
           LDA        #$80
           STA        PBWC
           LDA        #$0             ; P=0，E=0
           STA        PCTL
           LDA        #$0             ; N=#$0F5
           STA        PMSH
           LDA        #$F5
           STA        PMSL
           LDA        #$D1            ; L=#$D1
           STA        PMRS
           LDA        #$20
           STA        PCTL
           BRCLR      6，PBWC，$
           BSET       4，PCTL
           RTS

           ORG        $FFF2           ; 中断向量
           FDB        TINT
           ORG        $FFFE
           FDB        $START
```

2. 输出比较

输出比较功能主要用途有产生标准方波信号、时序控制等。

例如，用输出比较功能使 T1CH0 引脚输出 1kHz 的方波信号。设晶振频率为 8MHz，内部总线频率则为 2MHz，若分频因子为 4，则计数脉冲为 $2\mu s$。程序清单如下：

```
        T1CH0H    EQU       $26          ；定义寄存器地址
        T1CH0L    EQU       $27
        T1SC      EQU       $20
        T1SC0     EQU       $25
        TEMP      EQU       $A0          ；定义工作单元
                  ORG       $8000
        LDA       #%00000010
        STA       T1SC                   ；设置定时器控制/状态寄存器
        LDA       #%00010100
        STA       T1SC0                  ；设置通道 0 输出比较控制寄存器
        LDX       T1CH0H                 ；读通道 0 高位寄存器
        LDA       T1CH0L                 ；再读通道 0 低位寄存器
        ADD       #250                   ；加上 500μs
        STA       TEMP
        TXA
        ADC       #0
        STA       T1CH0H                 ；装入通道 0 高位寄存器，禁止输出比较
        LDA       T1SC0
        BCLR      7，T1SC0               ；清零 CH0F 标志
        LDA       TEMP
        STA       T1CH0L                 ；装入通道 0 低位寄存器，开始比较操作
        LDA       #$40
        ORA       T1SC0
        STA       T1SC0                  ；置通道 0 输出比较中断允许
        CLI                              ；开中断
        ……                             ；其他程序
TCMP0： LDA       T1CH0L
        ADD       #250
        TAX
        CLRA
        ADC       T1CH0H
        STA       T1CH0H                 ；先装入通道 0 高位寄存器
        LDA       T1SC0
        BCLR      7，T1SC0               ；清零 CH0F 标志
        STX       T1CH0L                 ；装入通道 0 低位寄存器
```

```
        RTI
        ORG        $ FFF6              ; TIM1 通道 0 输出比较中断向量
        FDB        TCMP0
```

3. 输入捕捉

输入捕捉主要功能有测量脉冲周期、脉冲宽度，有时也用作外部中断。

例如，用中断方式测量输入定时器 1 通道 0 引脚上的脉冲信号的周期。程序清单如下：

```
        T1CH0H     EQU        $ 26        ; 定义寄存器地址
        T1CH0L     EQU        $ 27
        T1SC0      EQU        $ 25
        T1SC       EQU        $ 20
        TEMPH      EQU        $ A0        ; 定义工作单元
        TEMPL      EQU        $ A1
        FLAG       EQU        $ A2
                   ORG        $ 8000
        LDA        # % 00000000
        STA        T1SC                   ; 设置定时器控制/状态寄存器
        LDA        # % 00000100
        STA        T1SC0                  ; 设置通道 0 输入捕捉控制寄存器
        LDA        T1CH0H                 ; 读入通道 0 高位寄存器，禁止输入捕捉
        LDA        T1SC0
        BCLR       7, T1SC0               ; 清标志 CH0F
        LDA        T1CH0L                 ; 读入通道 0 低位寄存器，开始输入捕捉
        CLI                               ; 开中断
        ……                              ; 其他程序
TCAP:   LDX        T1CH0H                 ; 读通道 0 高位寄存器
        LDA        T1SC0
        BCLR       7, T1SC0               ; 清 CH0F 标志
        LDA        T1CH0L                 ; 读通道 0 低位寄存器
        BRCLR      0, FLAG, TCAP1         ; 若为第一次捕捉，转到标号 TCAP1 处
        BCLR       6, T1SC0               ; 若为第二次捕捉，禁止输入捕捉中断
        SUB        TEMPL                  ; 第二次捕捉值减去第一次捕捉值
        STA        TEMPL
        TXA
        SBC        TEMPH                  ; TEMPH、TEMPL 中为两次捕捉值之差
        STA        TEMPH
        BCC        TPEND                  ; 若够减，则差值就是周期值
        LDA        TEMPL                  ; 不够减，说明两次捕捉之间有定时器溢出
        ADD        # $ FF                 ; 补加由于定时器溢出清零捕捉值而丢失的值
        STA        TEMPL
```

	LDA	TEMPH	
	ADC	♯FF	
	STA	TEMPH	；TEMPH，TEMPL 已放好测得的脉冲信号周期
	JMP	TPEND	
TCAP1：	STX	TEMPH	；存放第一次输入捕捉值
	STA	TEMPL	
	INC	FLAG	；已执行过一次输入捕捉，标志寄存器内容加1
TPEND	RTI		
	ORG	$FFF6	；TIM1 通道 0 输入捕捉中断向量
	FDB	TCAP	

本程序若在第一次输入捕捉中断处理中，改写 T1SC0，使其变为下降沿捕捉，则可测得正向脉冲的宽度。

第二节　时 基 模 块 TBM

一、TBM 的结构和功能

TBM 可用来产生周期性的实时中断，TBM 内有一个 15 位计数器，它以晶振时钟 CGMXCLK 作为计数时钟，由软件选择计数器的某一位溢出信号置"1"中断标志 TBIF。若 CGMXCLK 频率为 32.768kHz，则可由软件编程产生 1Hz～4096Hz 的中断信号。在 STOP 方式下，也可以由 TBM 中断使 MCU 退出节电方式。进入正常运行状态，图 6-3 给出了 TBM 的结构框图。

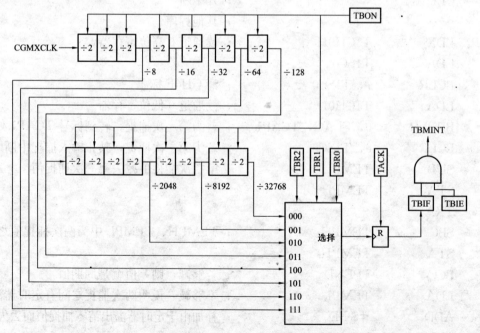

图 6-3　TBM 的结构框图

二、TBM 控制寄存器 TBCR

TBCR 存放 TBM 模块的控制字，复位以后初态为 $0，格式如下：

位	7	6	5	4	3	2	1	0	
R	TBIF	TBR2	TBR1	TBR0	0	TBIE	TBON	—	地址：
W	0				TACK				$001C
复位值	0	0	0	0	0	0	0	0	

TBIF：TBM 中断标志位，1：TBM 请求中断；0：TBM 未请求中断。

TBR2～TBR0：TBM 中断周期选择位，选择对 CGMXCLK 的分频系数 n，使 CGMX-CLK/n 作为 TBM 中断请求信号。当 CGMXCLK 频率为 32.768kHz 时，TBR2～TBR0 和 TBM 中断周期关系如表 6-5 所示。

表 6-5 TBM 中断周期

TBR2	TBR1	TBR0	分频系数	时基中断速率		TBR2	TBR1	TBR0	分频系数	时基中断速率	
				Hz	ms					Hz	ms
0	0	0	32768	1	1000	1	0	0	64	512	约为 2
0	0	1	8192	4	250	1	0	1	32	1024	约为 1
0	1	0	2048	16	62.5	1	1	0	16	2048	约为 0.5
0	1	1	128	256	约为 3.9	1	1	1	8	4096	约为 0.24

TACK：TBM 中断响应位，软件对 TACK 写入 1 时清零 TBIF（写入 0 无影响）。

TBIE：TBM 中断允许位，1：允许 TBM 向 CPU 请求中断；0：禁止 TBM 中断。

TBON：TBM 模块工作允许位，1：允许 TBM 工作；0：禁止 TBM 工作。

当 TBON=1，OSCSTOPENB=1 在 STOP 方式下振荡器仍工作。TBM 工作时，TBM 中断可以唤醒 MCU 退出 STOP 方式。如果不需要 TBM 工作，则清零 TBON。这样，在 STOP 方式下可以进一步降低功耗。

三、TBM 应用方法

下面我们仍以定时中断为例说明 TBM 的应用方法。

例如，使用 TBM 中断实现定时采样、定时控制量输出、定时显示刷新等要求。设 $f_{CGMXCLK}=32.768kHz$，TBM 产生周期为 1s 的中断，在 TBM 中断程序中实现定时采样、定时控制量输出、定时显示刷新等要求。程序清单如下：

```
PCTL        EQU         $36
PBWC        EQU         $37
PMSH        EQU         $38
PMSL        EQU         $39
PMRS        EQU         $3A
PMDS        EQU         $3B
TBCR        EQU         $1C
CONFIG1     EQU         $1F
ORG         $F000
```

START:	MOV	#1, CONFIG1	; 禁止看门狗工作
	JSR	PLLS	; 执行 PLL 编程子程序
	MOV	#06, TBCR	
	LDHX	#$140	
	TXS		; $13F→SP
	CLI		
GOON:	……		; 键盘查询处理，显示等功能可安排在这一段
	JMP	GOON	; 循环执行主程序
TBMINT:	JSR	CONTROL	; 定时器预置溢出中断服务子程序，首先调定时处理子程序
	MOV	#$0E, TBCR	; TACK 写 1，清除中断标志位 TBIF
	RTI		
CONTROL:	……		; 定时采样、定时控制量输出
	RTS		
PLLS:	LDA	#$0	; 外晶振 32.768kHz，总线时钟编程为 2MHz
	STA	PCTL	
	LDA	#$80	
	STA	PBWC	
	LDA	#$0	; P=0，E=0
	STA	PCTL	
	LDA	#$0	; N=#$0F5
	STA	PMSH	
	LDA	#$F5	
	STA	PMSL	
	LDA	#$D1	; L=#$D1
	STA	PMRS	
	LDA	#$20	
	STA	PCTL	
	BRCLR	6, PBWC, $	
	BSET	4, PCTL	
	RTS		
	ORG	$FFDC	
	FDB	TBMINT	
	ORG	$FFFE	
	FDB	START	

习 题 和 思 考 题

1. 当 MC68HC908GP32 的 T1CH0 作为软件定时器使用时，TCNT 是由什么信号驱动进行计数的？其定时时间由哪些因素确定？

2. MC68HC908GP32 的脉冲宽度调制输出 PWM 信号的周期和占空比由哪些因素确定？

3. 若 TCLK 的计数脉冲频率为 8MHz，TCNT 计数时钟周期的最大值和最小值各为多少？TCNT 溢出周期最大值为多少？

4. 需要由 T1CH0 每 50ms 产生一次定时中断，试编写一个子程序对 T1CH0 初始化，并编写 T1CH0 中断服务程序使 PTC0 输出周期为 1s 的方波。设 TCLK 的计数脉冲频率为 8MHz。

5. 编程使 T1CH0 工作于输出比较方式，试编写对 T1CH0 初始化的子程序，并编写 T1CH0 中断服务程序，使 T1CH0 输出周期为 100ms 的方波。

6. 设内部总线时钟频率为 2MHz，分频因子为 16，则计数器每 $8\mu s$ 计数值加 1。用输出比较功能在 T2CH1 引脚上输出 2kHz 的方波。要求编制结构完整的（即包含所有必须的伪指令和复位矢量以及中断矢量等必要的部分）全部程序。

7. 编程使 T1CH0 工作于缓冲器的 PWM 方式，试编写对 T1CH0 初始化的子程序，并编写 T1CH0 中断服务程序使 T1CH0 输出占空比为 75％的波形。

8. 总线频率为 8MHz，分频因子为 16，TMOD 中置为 $C350，定时器的定时时间间隔为多少秒？

第七章 串行通信接口和串行外围接口

在计算机系统中，串行接口用来实现与其他计算机或外围设备之间以串行的方式进行通信。计算机有多种类型串行通信接口，通常有异步串行通信接口、串行外围接口和支持多机通信规程的各种串行通信部件，如 CAN、USB 等。

为了适应各种不同的通信要求，各种型号的 M68HC08 单片机配置了相应的串行接口部件。本章介绍 M68HC08 单片机的两种串行接口及其使用方法。

第一节 异步串行通信接口 (SCI)

SCI 是一个全双工异步串行通信接口，它用于在 MCU 与其他远地设备（包括计算机）之间进行通信。SCI 使用 TxD 为发送数据引脚，RxD 为接收数据引脚。它们一般与通用I/O端口复用。如对 MC68HC908GP32，TxD 与 PTE0 复用，RxD 与 PTE1 复用。在允许 SCI 工作时，TxD 为串行输出，RxD 为串行输入，它们不受相应的数据方向寄存器（DDRE）的控制。在禁止 SCI 时，它们为一般的通用 I/O 端口。

一、SCI 的功能

1. SCI 基本特性

（1）全双工操作。

（2）标准不归零(Non-Return to Zero，NRZ) 数据格式。

（3）可编程的 32 种波特率。

（4）可编程为 8 位或 9 位字符长度。

（5）分开的发送和接收器允许控制。

（6）分开的接收和发送 CPU 中断请求。

（7）可编程的发送输出极性。

（8）两种接收器唤醒方式：空闲线唤醒，地址位唤醒。

（9）具有 8 个中断标志位的中断驱动操作：发送器空，发送完成，接收器满，空闲接收输入，接收器溢出，噪声错、帧出错和奇偶检验错。

（10）接收器帧出错检测。

（11）硬件奇偶检验。

（12）1/16 位时间噪声检测。

（13）结构寄存器 CONFIG2 的 SCIBDSRC 位可选择波特率时钟源。

2. 数据格式

SCI 采用标准的 NRZ（不归零制）数据格式。它由一个起始位（0），8 或 9 个数据位和一个停止位（1）组成。数据位的位数由串行通信控制寄存器 1（SCC1）的 M 位来选择。M=0，为 8 位；M=1，为 9 位。在允许奇偶检验时，最高数据位将用作奇偶位。这样，M=0 时数据为 7 位；M=1 时数据为 8 位。

二、SCI 的结构

SCI 由发送器和接收器组成，它们在功能上是独立的，但使用相同的数据格式和波特率。串行通信接口的核心是发送移位寄存器和接收移位寄存器，它们的作用是实现计算机内部数据的并行传输方式和外部的串行传输方式之间的相互转换。

1. SCI 发送器

SCI 发送器框图见图 7 - 1。

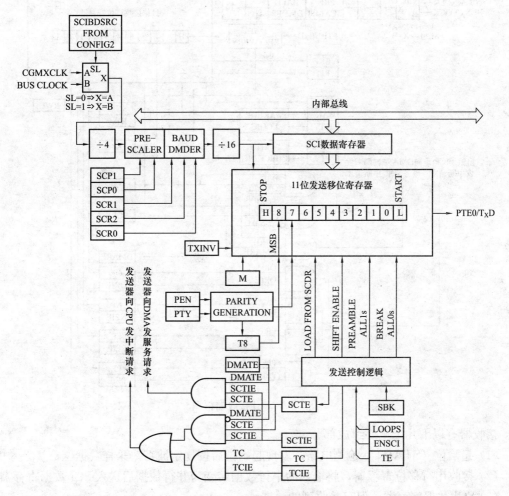

图 7 - 1　SCI 发送器框图

发送器有以下几个主要组成部分：

（1）SCI 数据寄存器，待发送数据先写入 SCI 数据寄存器后再送入发送串行移位寄存器变成串行输出。

（2）发送串行移位寄存器，将 SCI 数据寄存器送来的并行数据转变为串行输出。

（3）奇偶检验位发生器，产生奇偶检验位送入发送串行移位寄存器中。

（4）波特率发生器，将系统时钟经过分频，形成移位脉冲控制移位寄存器的移位速率。

（5）发送控制逻辑：控制 SCI 发送器工作，产生各种中断请求信号。

SCI 发送器的工作方式和工作参数的确定是通过对相关端口寄存器的编程来实现的。

2. SCI 接收器

SCI 接收器框图见图 7-2。

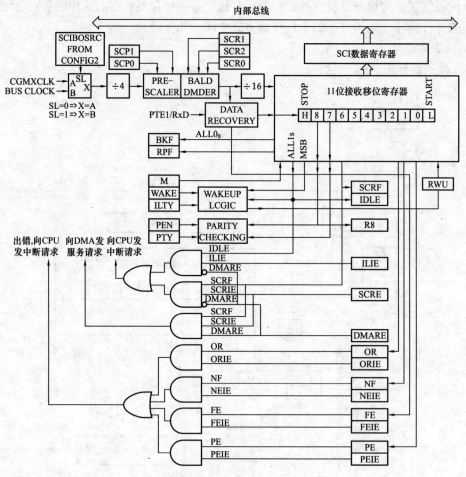

图 7-2　SCI 接收器框图

接收器有以下几个主要组成部分：

（1）起始位（START）检测电路，发现起始位后按规定波特率采样数据位。

（2）接收串行移位寄存器，将输入的串行数据转变为并行数据后送入 SCI 数据寄存器。

（3）SCI 数据寄存器，保存接收到的数据。

（4）波特率发生器，将系统时钟经过分频，形成移位脉冲控制移位寄存器的移位速率。接收器与发送器使用同一个波特率发生器。

（5）接收控制逻辑，控制 SCI 接收器工作、出错检测和产生各种中断请求信号。

SCI 接收器的工作方式和工作参数的确定是通过对相关端口寄存器的编程来实现的。

三、SCI 寄存器

SCI 模块中共有 7 个寄存器。不同 MCU 的 SCI 寄存器的内容和地址可能不同。下面以 MC68HC08GP32 为例，介绍这些寄存器的功能和使用方法。

1. SCI 控制寄存器

（1）SCC1。SCC1 的每位均可读、写，它的格式如下：

位	7	6	5	4	3	2	1	0	
R W	LOOPS	ENSCI	TXINN	M	WAKE	ILTY	PEN	PTY	地址： $0013
复位值	0	0	0	0	0	0	0	0	

LOOPS：反馈方式选择位，它控制是否按反馈方式操作。在反馈方式，RxD 脚与 SCI 断开，发送器输出直接接至接收器输入。1：允许反馈方式；0：允许正常方式。

ENSCI：允许 SCI 位，它允许 SCI 和 SCI 波特率分频器工作。清"0" ENSCI，则置位 SCS1 寄存器的 SCTE 和 TC 位，并禁止发送中断。1：允许 SCI；0：禁止 SCI。

TXINN：发送反向位，该位取反发送数据的极性。1：取反发送器输出；0：发送器输出不取反。

M：字符长度定义位，它决定 SCI 传输字符为 8 位或 9 位长。第 9 位可用作额外的停止位，接收器唤醒信号或奇偶检验位。1：9 位 SCI 字符；0：8 位 SCI 字符。

WAKE：唤醒条件位，它决定唤醒 SCI 的条件。1：地址位（接收到字符的最高位＝1）唤醒；0：空闲线（RxD 引脚满足空闲条件）唤醒。

ILTY：空闲线类型位，它决定 SCI 什么时候开始计数"空闲字符"的位数。计数可从"起始位"或从"停止位"开始。从"起始位"开始计数，则"停止位"前的一串"1"可能产生错误的空闲线条件。从"停止位"开始计数，可避免错误的空闲线识别，但需要适当地同步发送操作。1：空闲字符位计数从"停止位"开始；0：空闲字符位计数从"起始位"开始。

PEN：奇偶检验允许位，它规定 SCI 奇偶检验功能。允许时，在最高位插入奇偶位。1：允许奇偶检验；0：禁止奇偶检验。

PTY：奇偶位，它规定 SCI 为奇校验或偶校验。1：奇校验；0：偶校验。

(2) SCC2。SCC2 的每位均可读、写。它的格式如下：

位	7	6	5	4	3	2	1	0	
R W	SCTIE	TCIE	SCRIE	ILIE	TE	RE	RWU	SBK	地址： $0014
复位值	0	0	0	0	0	0	0	0	

SCTIE：SCI 发送中断允许位：1：允许产生发送器空（SCTE）中断；0：禁止产生发送器空（SCTE）中断。

TCIE：发送完成中断允许位：1：允许产生发送完成（TC）中断；0：禁止产生发送完成（TC）中断。

SCRIE：SCI 接收中断允许位：1：允许产生接收器满（SCRF）中断；0：禁止产生接收器满（SCRF）中断。

ILIE：空闲线中断允许：1：允许在 RxD 引脚上检测到空闲位（IDLE）产生中断；0：禁止 IDLE 产生中断。

TE：发送器允许位，置位 TE 位时，从 TxD 发送 10 或 11 个"1"。在软件清"0" TE 时，在 TxD 返回空闲状态前完成现行的发送操作。在发送时，清"0"后置位 TE，将在发完现行字符后发送一个空闲字符。1：允许发送器发送；0：禁止发送器发送。

RE：接收器允许位，置位 RE 允许接收器接收。清"0" RE 位，禁止接收器接收，但不影响任何接收中断标志。1：允许接收器接收，0：禁止接收器接收。

RWU：接收器唤醒位，它使接收器置于禁止接收中断的等待状态。SCC1 的 WAKE 位决定由空闲输入或地址位使接收器退出等待状态，并清"0"RWU 位。1：等待状态；0：正常操作。

SBK：发送中止位，置位然后清 0 该位，发送一个中止符（10～11 位"0"）后接一个逻辑"1"。中止字符后的逻辑"1"保证能识别出正确的起始位。如 SBK 保持置位，则发送器连续发送中止符（"0"）。1：发送中止符；0：不发送中止符。

（3）SCC3。除了最高位（R8）外，SCC3 的每位均可读/写。它的格式如下：

位	7	6	5	4	3	2	1	0	
R	R8	T8	DMARE	DMATE	ORIE	NEIE	FEIE	PEIE	地址：
W	—								$0015
复位值	不变	不变	0	0	0	0	0	0	

R8：接收位 8，在 SCI 接收 9 位字符时，R8 存放接收字符的（只可读出）第 9 位（D8）。在接收数据寄存器（SCDR）接收其他 8 位数据时置位。在 SCI 接收 8 位字符时，R8 等于第 8 位（D7）。

T8：发送位 8，在 SCI 发送 9 位字符时，T8 存放发送字符的第 9 位（D8）。它与发送数据寄存器（SCDR）的内容一起装入发送移位寄存器。

DMARE：DMA 接收允许位，有些 M68HC08 单片机产品具有 DMA 功能。对于无 DMA 功能的 M68HC08，它必须为 0。1：允许 SCRF（接收器满）的 DMA 服务请求，禁止 SCRF 中断请求；0：禁止 SCRF（接收器满）的 DMA 服务请求，允许 SCRF 中断请求。

DMATE：DMA 发送允许位，有些 M68HC08 单片机产品具有 DMA 功能。对于无 DMA 功能的 M68HC08，它必须为 0。1：允许 SCTE（发送器空）的 DMA 服务请求，禁止 SCTE 中断请求；0：禁止 SCTE（发送器空）的 DMA 服务请求，允许 SCTE 中断请求。

ORIE：接收溢出中断允许位。1：允许 OR 位（接收器溢出）产生 SCI 出错中断；0：禁止 OR 位（接收器溢出）产生 SCI 出错中断。

NEIE：接收噪声出错中断允许位。1：允许 NF 位（噪声出错）产生 SCI 出错中断；0：禁止 NF 位（噪声出错）产生 SCI 出错中断。

FEIE：接收帧出错中断允许位。1：允许 FE 位（接收帧出错）产生 SCI 出错中断；0：禁止 FE 位（接收帧出错）产生 SCI 出错中断。

PEIE：接收奇偶错中断允许位。1：允许 PE 位（接收奇偶错）产生 SCI 出错中断；0：禁止 PE 位（接收奇偶错）产生 SCI 出错中断。

2. SCI 状态寄存器

共有两个 SCI 状态寄存器保存一些重要的状态信息。

（1）SCS1。SCS1 只能读出。它的格式如下：

位	7	6	5	4	3	2	1	0	
R	SCTE	TC	SCRF	IDLE	OR	NF	FE	PE	地址：
									$0016
复位值	1	1	0	0	0	0	0	0	

SCTE：SCI 发送器空标志位，在 SCDR 把字符传送至发送移位寄存器时置位。它可产生 "SCI 发送器空中断"。在 SCTE 置位时读出 SCS1 后，再将数据写入 SCDR 时清 "0" SCTE 位。1：SCDR 数据已传送至发送移位寄存器；0：SCDR 数据未传送至发送移位寄存器。

TC：发送完成标志位，在 SCTE 置位且无数据、引导符（preample）或中止符等字符等待发送时置位。它可产生 "SCI 完成中断"。有数据、引导符或中止符发送时，自动清 "0" TC 位。1：不在进行发送操作；0：正在进行发送操作。

SCRF：SCI 接收器满标志位，在数据从接收移位寄存器传送至 SCI 数据寄存器时置位。它可产生 "SCI 接收中断"。在 SCRF 置位时，读出 SCS1，再读出 SCDR 时清 "0" SCRF 位。1：SCDR 中有接收数据；0：SCDR 中无新数据。

IDLE：接收器空闲标志位，在接收器输入线上有 10～11 位连续的逻辑 "1" 时置位。它可产生 SCI "空闲线中断"。在 IDLE 置位时读出 SCS1，再读出 SCDR 时清 "0" IDLE。在接收器被允许后，必须先收到有效字符使 SCRF 位置位，然后空闲线条件才能再置位 IDLE 位。同样，在 IDLE 清 "0" 后，下次置位 IDLE 位前，也必须先收到过能置位 SCRF 位的有效字符。1：接收器输入空闲状态；0：接收器输入激活状态（或在 IDLE 清 "0" 后仍为空闲状态）。

OR：接收器溢出标志位，在接收移位寄存器收到下一个字符而软件还未把 SCDR 中的数据取走时置位。它可产生 "SCI 出错中断"。在 OR 置位时读出 SCS1，再读出 SCDR 时清 "0" OR 位。1：接收移位寄存器满且 SCRF＝1：0；无接收器溢出。

NF：接收器噪声标志位，当 SCI 在 RxD 脚上检测到噪声时置位。它可产生 "SCI 出错中断"。在 NF 置位时读出 SCS1，再读出 SCDR 时清 "0" NF 位。1：检测到噪声；0：没检测到噪声。

FE：接收器帧出错标志位，在停止位收到逻辑 "0" 时置位。它可产生 SCI 出错中断。在 FE 置位时读出 SCS1，再读出 SCDR 时清 "0" FE 位。1：检测到帧出错；0：没检测到帧出错。

PE：接收奇偶出错标志位，在 SCI 检测到输入数据有奇偶错时置位。它可产生 "SCI 出错" 中断。在 PE 置位时读出 SCS1，再读出 SCDR 时清 "0" PE 位。1：检测到奇偶错，0：没检测到奇偶错。

（2）SCS2。SCS2 仅有两位，它只可读出。它的格式如下：

位	7	6	5	4	3	2	1	0	地址：
R	—	—	—	—	—	—	BKF	RPF	$ 0017
复位值	0	0	0	0	0	0	0	0	

BKF：中止标志位，在 SCI 检测到 RxD 脚上有中止字符时置位。它同时置位 SCS1 的 FE 和 SCRF 位。在 9 位字符传输方式中，SCS3 的 R8 清 0，BKF 不会产生中断。在 BKF 置位时读出 SCS2，再读出 SCDR 时清 "0" BKF。在清 "0" 后，仅在收到 RxD 引脚上有跟在逻辑 "1" 后的另一个中止符时，BKF 才会再置位。1：检测到中止符；0：没有检测到中止符。

RPF：正在接收标志位，它在检测到起始位的 "0" 时置位。RPF 不产生中断。在检测到错误的起始位后或检测到空闲符时清 "0"。在禁止 SCI 或进入 STOP 方式前，查询 RPF

位可检查是否正在进行接收。1：正在接收；0：不在接收。

3. SCI 数据寄存器（地址：$0018）

SCI 数据寄存器（SCDR）是内部数据总线与发送、接收移位寄存器之间的缓冲器。SCDR 是两个在物理上完全独立的寄存器。它们占用同一个端口地址：$0018。读 SCDR 是读出 SCI 接收数据寄存器的内容；将数据写入 SCDR 是写入 SCI 的发送数据寄存器。复位不影响任一个 SCDR 的值。

四、SCI 波特率寄存器

SCI 波特率寄存器 SCBR 选择接收器和发送器的波特率。它的格式如下：

位	7	6	5	4	3	2	1	0	
R/W	—	—	SCP1	SCP0	—	SCR2	SCR1	SCR0	地址：$0019
复位值	0	0	0	0	0	0	0	0	

SCP1、SCP0 是 SCI 波特率预分频位，它们选择波特率预分频器的预分频率，见表 7-1。

SCR2、SCR1、SCR0 是 SCI 波特率选择位。这三位用于选择波特率分频器的分频率。见表 7-2。

表 7-1　SCI 波特率预分频率

SCP1	SCP0	预分频率（PD）
0	0	1
0	1	3
1	0	4
1	1	13

表 7-2　　　　SCI 波特率分频器的分频率选择

SCR2	SCR1	SCR0	波特率分频率（BD）	SCR2	SCR1	SCR0	波特率分频率（BD）
0	0	0	1	1	0	0	16
0	0	1	2	1	0	1	32
0	1	0	4	1	1	0	64
0	1	1	8	1	1	1	128

SCI 波特率的计算公式：

$$波特率 = \frac{SCI\ 时钟}{64 \times PD \times BD}$$

式中，SCI 时钟 = f_{BUS} 或 CGMXCLK。

取 f_{BUS} 或 CGMXCLK 由寄存器 CONFIG2 的 SCIBDSRC 位决定：SCIBDSRC=1 选择内部总线时钟 f_{BUS}；SCIBDSRC=0 选择外部振荡器 f_{osc}，即 CGMXCLK。PD＝预分频率，BD＝分频率。

复位后，SCIBDSRC=0，选外部振荡器。一般情况应置 SCIBDSRC=1，以选择内部总线时钟，特别是在使用 32.768kHz 振荡频率和 PLL 时更应如此。表 7-3 给出了当 f_{BUS}＝4.9152MHz 时，取各种预分频率、分频率情况下各种标准波特率的值。

表 7-3　　　　标准波特率的 SCBR 值

SCP1、SCP0	PD	SCR2、SCR1、SCR0	BD	波特率（f_{BUS}=4.9152MHz）
00	1	000	1	76800
00	1	001	2	38400
00	1	010	4	19200

续表

SCP1、SCP0	PD	SCR2、SCR1、SCR0	BD	波特率（f_{BUS}＝4.9152MHz）
00	1	011	8	9600
00	1	100	16	4800
00	1	101	32	2400
00	1	110	64	1200
00	1	111	128	600
01	3	000	1	25600
01	3	001	2	12800
01	3	010	4	6400
01	3	011	8	3200
01	3	100	16	1600
01	3	101	32	800
01	3	110	64	400
01	3	111	128	200
10	4	000	1	19200
10	4	001	2	9600
10	4	010	4	4800
10	4	011	8	2400
10	4	100	16	1200
10	4	101	32	600
10	4	110	64	300
10	4	111	128	150
11	13	000	1	5908
11	13	001	2	2954
11	13	010	4	1477
11	13	011	8	739
11	13	100	16	369
11	13	101	32	185
11	13	110	64	92
11	13	111	128	46

五、SCI 串行通信口编程步骤

1. 初始化编程

在使用 SCI 以前，必须先对与它有关的寄存器进行初始化。

（1）写入 CONHG2 寄存器的 SCIBDSCR 位，以选择 SCI 时钟源。

（2）写入 SCBR 寄存器，以设置波特率。

（3）将控制字写入 SCI 控制寄存器 1（SCC1）以允许 SCI、设置字符长度和奇偶校验。

（4）将控制字写入 SCI 控制寄存器 2（SCC2）以允许发送和接收器及各种 SCI 中断。

（5）将控制字写入 SCI 控制寄存器 3（SCC3）以设置 T8 和 SCI 接收出错中断允许。

2. 接收数据编程（程序询问方式）

（1）将 SCI 控制寄存器 1（SCC1）的 ENSCI 位置 "1"，允许 SCI 工作。

（2）将 SCI 控制寄存器 2（SCC2）的 RE 位置 "1"，允许接收。

步骤（1）和（2）可以在初始化编程中完成。

（3）读出 SCI 状态寄存器 1（SCS1），判断 SCRF＝1？

（4）若 SCRF＝0，继续步骤 3。

（5）若 SCRF＝1 读出 SCDR。

例如，接收字符子程序 GETDATA（SCC1、SCC2 已写好）。

出口参数：A＝接收字符。

```
GETDATA: BRCLR    5, SCS1, GETDATA
         LDA      SCDR
         RTS
```

3. 发送数据编程（程序询问方式）

（1）将 SCI 控制寄存器 1（SCC1）的 ENSCI 位置 "1"，允许 SCI 工作。

（2）将 SCI 控制寄存器 2（SCC2）的 TE 位置 "1"，允许发送。

步骤 1 和 2 可以在初始化编程中完成。

（3）读入 SCI 状态寄存器 1（SCS1），判断 SCTE＝1？

（4）若 SCTE＝0，继续步骤（3）。

（5）若 SCTE＝1，将要发送的数据写入 SCI 数据寄存器 SCDR，此时 SCI 发送器空标志被清 "0"。

（6）重复步骤（3）～（5）就可以继续发送数据，直到数据发送完为止。

例如，发送字符子程序 SENDDATA。

入口参数：A＝待发送字符。

```
SENDDATA: BRCLR   7, SCS1, SENDDATA
          STA     SCDR
          RTS
```

六、多处理机通信

多处理机通信系统由一片 MCU 作主机；有多片 MCU 作从机挂接到串行总线与主机相连。每台从机都被赋予不同的地址。主机与从机通信时，发送一个字节地址信息（称为地址帧），只有地址与地址帧相符的从机准备接收后面的数据，其他从机则使 SCI 进入睡眠状态。在这次信息传送完毕，或开始新的传送时，再退出睡眠状态（唤醒），接收新的地址。M68HC08 的 SCI 有两种唤醒特性，它们由 SCC1 的 WAKE 位确定。

1. 空闲线唤醒方式

在 WAKE 位等于 0 时，SCI 采用空闲线唤醒方式。

在这种方式里，地址与地址帧不相符的从机在使 SCI 进入睡眠状态时，置位 SCC2 的

RWU 位，而主机则连续不断地发送信息（包括开头的地址帧和后面的数据帧），中间基本不能有停顿（SCI 发送器处于空闲状态的时间应小于 10 个波特率周期）。在主机发送完毕后，主机暂停发送。这时它的发送端处于空闲状态（连续发出"1"）。对于从机来说，只要接收端的空闲状态（即"1"电平）保持 10 位或 11 位时间以上，会自动清零 RWU，唤醒处于睡眠状态的从机。以后可接收新的信息（开头的地址帧等）。在需要时，还可在进入睡眠状态时，允许空闲线中断，这样在唤醒的同时还可产生中断。

这种方法的特点是使用方便（从机唤醒时不需软件干预），数据可为 8 位或 9 位，可加入奇偶检验位，抗干扰能力较高（不会因一位的接收错误而影响整个系统的工作）。但它对主机发送要求较高，在发送一组信息时中间不能有停顿。如果由于软件处理的延迟或中断响应太慢，使发送两个字符之间的时间间隔大于发送一个字符的时间，则作为空闲线处理将影响整个系统的工作。

2. 地址位唤醒方式

在 WAKE 位等于 1 时，SCI 采用地址位唤醒方式。

在这种方式里，主机在发送位于信息开头的地址时，发送字符的最高位（第 8 位，M＝0 时；或第 9 位，M＝1 时）等于"1"。这时每个从机都将接收该地址数据，判断它是否等于自己的地址，对于地址不相同的从机，它置位 RWU，使 SCI 进入睡眠状态。而主机在发送后面的数据时，发送字符的最高位等于 0。这时只有 RWU＝0 的从机才接收数据，其他从机将不会接收数据。到主机下次发送信息时，发送字符（地址）的最高位＝1，这将使所有从机退出睡眠状态，接收串行输入的数据。

这种方法的特点是使用方便，发送时可有间隔。缺点是抗干扰能力较低（最高位不允许受到干扰），不能加入奇偶检验。

七、SCI 的连接

1. 直接连接方式

当需要通信的两个 MCU 距离很近时，可以采用直接连接方式，如图 7-3 所示。MCU1 的 TxD 连接 MCU2 的 RxD 端，MCU1 的 RxD 连接 MCU2 的 TxD 端。信号地直接相连。这样只要用三根连线就可以实现全双工串行通信。

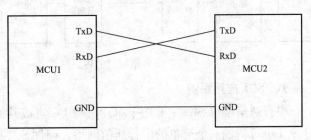

图 7-3　串行接口 SCI 直接连接

2. RS-232 连接方式

在进行点对点通信时，一般都使用标准的 RS-232 方式。RS-232C 通信标准的连接方式如图 7-4 所示。由于 RS-232C 的最大电压可达±15V，所以在 M68HC08 的 SCI 输入 RxD 和输出 TxD 与 RS-232C 电缆之间应接入电平转换器。RS-232 至 TTL 电平转换器有许多种，常用的有 MC1488，发送器用于

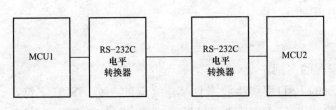

图 7-4　使用 RS-232C 通信标准的连接方式

TTL 电平至 RS-232 电平的转换,它接于 TxD 与 RS-232 输出之间;MC1489,接收器用于 RS-232 电平至 TTL 电平转换,它接于 RxD 与 RS-232 输入之间。另外还有一些器件将两种转换电路集成在一个芯片上,如 MC145406,它有 3 个 RS-232 至 TTL 和 3 个 TTL 至 RS-232 电平转换器。以上这些芯片均需±12V 电源。为减少电源数量,现有多种内部有电源变换器的电平转换电路,如 MC145407、MAX232 等。前者有三对转换器,后者有两对转换器。MAX232 的引脚和原理图见图 7-5。

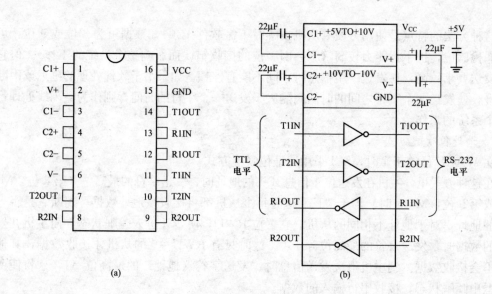

图 7-5   MAX232 引脚和原理图

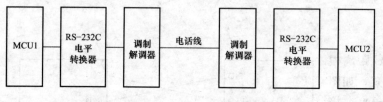

图 7-6   串行口远程通信

3. 远程连接方式

由于使用 RS-232C 电平的通信距离一般不超过 15m,要在更远的距离通信可以使用调制解调器,其连接方式如图 7-6 所示。

八、SCI 应用举例

串行通信接口 SCI 主要用于单片机与 PC 机或其他终端设备之间的通信,几个 MCU 通过 SCI 也可构成一个简单的串行通信网络。硬件 SCI 接口的编程方法主要包括硬件 SCI 的初始化与 SCI 的发送、接收。硬件 SCI 的初始化,一般要完成以下几项任务:

(1)正确选择波特率;

(2)正确设置数据格式;

(3)选择查询/中断通信方式;

(4)允许接收器/发送器工作。

下面介绍一个硬件串行通信接口编程的实例。

设对于串行通信的要求是:单片机的 RxD 引脚接收来自某一终端的一个 ASCII 字符,然后将代表该字符的 8 位二进制数转换成两个 ASCII 码,最后,MCU 通过 TxD 引脚向该终端发出回车（CR）、换行（LF）、字符 $ 以及代表刚接收到的字符的两个 8 位二进制数。

例如，在终端键盘上输入字符"A"，单片机通过 SCI 的 RxD 引脚接收到代表该字符的二进制数%01000001，然后单片机从 TxD 引脚向终端回送 $0D（CR）、$0A（LF）、$24（字符$）、$34（字符4）和 $31（字符1）。

程序清单如下：（查询方式）

```
            SCBR      EQU      $0019          ；定义寄存器
            SCC1      EQU      $0013
            SCC2      EQU      $0014
            SCC3      EQU      $0015
            SCS1      EQU      $0016
            SCS2      EQU      $0017
            SCDR      EQU      $0018
            TEMP      EQU      $40            ；定义工作单元
            TEMPH     EQU      $41
            TEMPL     EQU      $42
            ORG       $8000
INIT：      LDA       #%00000001
            STA       SCBR                   ；设波特率为 19200（晶振频率为
                                              2.4576MHz）

            LDA       #%01000000             ；设 SCC1 控制字
            STA       SCC1
            LDA       #%00001100             ；设 SCC2 控制字
            STA       SCC2
            LDA       #%00000000             ；设 SCC3 控制字
            STA       SCC3
START：     JSR       GET                    ；接受一个字符
            STA       TEMP                   ；将其存于 TEMP 单元
            AND       #$0F                   ；取字节低 4 位
            ORA       #$30                   ；将低 4 位转化为对应 ASCⅡ码
            CMP       #$39
            BLS       ARNI
            ADD       #$07
ARNI：      STA       TEMPL
            LDA       TEMP
            LSRA                             ；右移 4 位
            LSRA
            LSRA
            LSRA
```

```
            ORA       ＃＄30              ；将字节高 4 位转化成相应 ASCⅡ码
            CMP       ＃＄39
            BLS       ARN2
            ADD       ＃＄07
ARN2：       STA       TEMPH
            LDA       ＃＄0D              ；发送回车符
            BSR       SEND
            LDA       ＃＄0A
            BSR       SEND               ；发送换行符
            LDA       ＃'＄'
            BSR       SEND               ；发送字符'＄'
            LDA       TEMPH
            BSR       SEND               ；发送高 4 位 ASCⅡ码
            LDA       TEMPL
            BSR       SEND               ；发送低 4 位 ASCⅡ码
            BRA       START
GET：        BRCLR     5，SCS1，GET        ；SCRF 标志是否为 1
            LDA       SCS1               ；清除标志
            LDA       SCDR               ；若是，则获取字符
            RTS
SEND：       BRCLR     7，SCS1，SEND       ；SCTE 标志是否为 1
            LDX       SCS1               ；清除标志
            STA       SCDR               ；若是，则发送字符
            RTS
```

第二节　串行外围接口（SPI）

一、SPI 的特点

SPI 系统是一个同步串行外围接口，允许 MCU 与各种外围设备以串行方式进行通信。

由于绝大多数 M68HC08 的总线不能在外部加以扩展，在片内 I/O 功能或存储器不能满足应用需要时，可使用 SPI 来扩展各种接口芯片，如 ROM、RAM、A/D、LCD 等多种外设都可以使用这种方法扩展。它的最大优点是只需 3～4 根数据和控制线即可扩展各种接口器件。

M68HC08 的 SPI 有如下特点：

（1）全双工同步传送；

（2）主机和从机工作模式；

（3）分开的双缓冲发送寄存器和接收寄存器；

（4）四种可程控的主机频率（最高为总线频率除以 2）；

（5）最高从机方式频率等于总线频率；

（6）可编程的串行时钟相位和极性；

（7）两个分开允许的中断，SPRF（SPI 接收器满），SPTE（SPI 发送器空）；

（8）方式错标志，可产生中断；

（9）溢出标志，可产生中断；

（10）可编程为"线或"方式；

（11）与 I^2C（inter-integrated circuit）兼容；

（12）在设置为输入口时，I/O 端口可设置为有上拉电阻。

二、SPI 的结构

1. SPI 的结构

SPI 的结构如图 7-7 所示。SPI 的主要组成部分有发送数据寄存器、接收数据寄存器、移位寄存器、时钟分频、时钟选择、时钟逻辑电路和 SPI 控制电路。

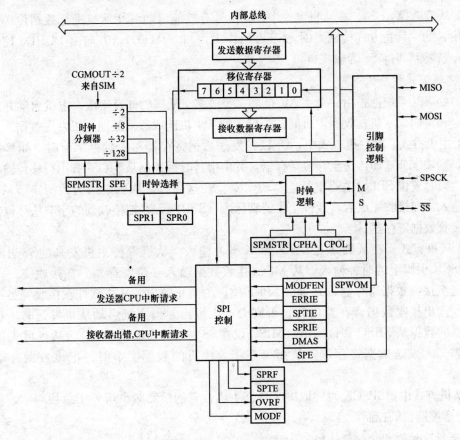

图 7-7　SPI 结构框图

2. SPI 引脚

SPI 系统使用四个 I/O 引脚，它们是端口 D 的 I/O 引脚 PTD3、PTD2、PTD1、PTD0。SPI 系统工作时定义为 SPSCK/PTD3：串行时钟；MOSI/PTD2：主机输出/从机输入数据线；MISO/PTD1：主机输入/从机输出数据线；$\overline{SS}$/PTD0：从机选择线。

在不使用 SPI 系统时，这四根线可用作一般的输入线（PTD3、PTD2、PTD1、PTD0）。

　　(1) 串行数据线 (MISO、MOSI)。MISO 和 MOSI 用于串行接收和发送数据，传输数据时高位 (MSB) 在前，低位 (LSB) 在后。在 SPI 设置为主机方式时，MISO 是主机数据输入线，MOSI 是主机数据输出线。这时 SPMSTR 控制位 (位于 SPCR 寄存器位 5) 应由程序设置为 1 以选择主机方式。在 SPI 设置为从机方式时，MISO 变成从机数据输出线，而 MOSI 成为从机数据输入线。

　　(2) 串行时钟 (SPSCK)。SPSCK 用于数据从 MOSI 和 MISO 的输入和输出的同步传送。在 SPI 设置为主机方式时，SPSCK 脚为输出；设置为从机方式时，SPSCK 脚为输入。

　　对主机方式，SPSCK 信号由内部 MCU 总线时钟得出。在主机启动一次传送时，自动在 SPSCK 脚产生 8 个时钟。在主机和从机 SPI 器件中，SPSCK 信号的一个跳变进行数据移位，在数据稳定后的另一个跳变进行采样。主机的 SPSCR 寄存器的两位 SPR1、SPR0 选择时钟速率。

　　(3) 从机选择 ($\overline{SS}$)。在从机方式中，$\overline{SS}$ 信号有效能启动 SPI 从机进行数据传送。在主机方式中，如"禁止方式检测"时，$\overline{SS}$ 可用作 I/O 口 (PTD0)，方向由 DDRD0 控制；如"允许方式检测"时，$\overline{SS}$ 为输入口。

　　3. 主机方式和从机方式

　　典型的 SPI 系统通常由一个主 MCU 和一个或多个从属的外设组成。主机启动并控制数据的传送和流向，从机在收到主机的信号后才能从主机读取数据或向主机发送数据。

　　(1) 主机方式。在主机方式中，CPU 向发送数据寄存器写入数据字节时，如移位寄存器为空，则该字节立即传送至移位寄存器，并由串行时钟控制从 MOSI 脚串行移位输出至从机器件，同时置位 SPI 发送器空标志 (SPTE)。在这同时，从机送来的数据字节从 MISO 脚移位输入。在接收完成后，置位接收器满标志 (SPRF)，并把接收到的字节从移位寄存器传送到接收数据寄存器。

　　(2) 从机方式。在从机方式中，SPSCK 脚为输入。从机等待主机发来的 $\overline{SS}$ 引脚低电平和 SPSCK 引脚上的时钟输入，从 MOSI 接收数据输入移位寄存器。在接收完一个字节时，传送至接收数据寄存器，并置位 SPRF 位。为防止溢出，从机软件在接收完另一个字节前必须读出接收数据寄存器内容，否则会产生溢出。当主机启动从机发送时，从机移位寄存器的数据从 MISO 移位输出 (MISO 仅在 $\overline{SS}=0$ 时为输出状态)。从机可先把需发送的数据写入发送数据寄存器，从而可在接收主机的数据字节时，把该数据自动传送至主机。

　　在从机方式中，SPSCK 时钟取决于外部主机，它的最高频率可等于总线频率，它不受 SPI 波特率控制位的控制。

　　4. 串行时钟的相位和极性控制

　　串行时钟 SPSCK 有 4 种相位和极性的组合。它们通过设置 SPI 控制寄存器 SPCR 的 CPHA 位和 CPOL 位来选择，其中 CPOL 选择时钟极性 (高有效或低有效)，它与发送格式无关。而时钟相位 CPHA 控制两种发送格式。对于主、从机通信，时钟相位和极性必须相同。

　　图 7-8 中，当 CPOL＝0 或 CPOL＝1，相应的 CPHA 也可以有两种情况：CPHA＝0 或 CPHA＝1，它们可以组成四种时序模式。

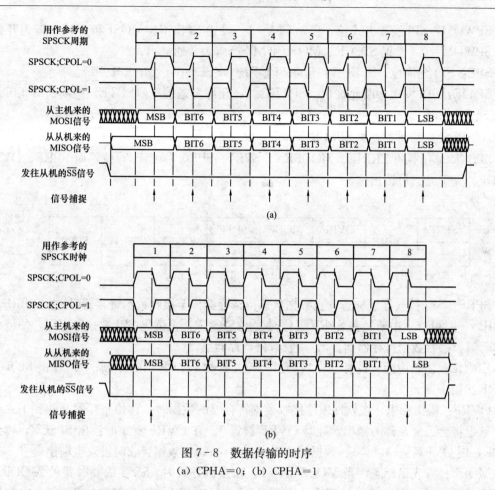

图 7 - 8 数据传输的时序

(a) CPHA＝0；(b) CPHA＝1

三、SPI 控制寄存器 SPCR

在设置 CPOL 和 CPHA 前，应先置 SPE＝0。

位	7	6	5	4	3	2	1	0	地址： $0010
R W	SPRIE	DMAS —	SPMSTR	CPOL	CPHA	SPWOM	SPE	SPTIE	
复位值	0	0	1	0	1	0	0	0	

SPRIE：SPI 接收中断允许。SPRIE＝1：允许接收器满（SPRF）产生中断，SPRIE＝0：禁止 SPRF 产生中断。

DMAS：DMA 选择位。对于无 DMA 功能的 M68HC08 单片机，它只可读出，并恒为"0"。对于有 DMA 功能的 M68HC08 单片机：DMAS＝1，允许 SPRF 和 SPTE 的 DMA 服务请求，DMAS＝0，禁止 SPRF 和 SPTE 的 DMA 服务请求。

SPMSTR：SPI 主机位：SPMSTR＝1：设置为主机方式，SPMSTR＝0：设置为从机方式。

CPOL：时钟极性位。CPOL＝1：低电平有效时钟，SPSCK 空闲状态为高电平；CPOL＝0：高电平有效时钟，SPSCK 空闲状态为低电平。

CPHA：时钟相位位。这位控制串行时钟和数据的定时关系。

SPWOM：SPI 线或方式位。SPWOM＝1：设置 SPSCK、MOSI 和 MISO 脚为开漏输出；SPWOM＝0：设置 SPSCK、MOSI 和 MISO 脚为普通输出。

SPE：SPI 允许位。SPE＝1：允许 SPI 系统；SPE＝0：禁止 SPI 系统。

SPTIE：SPI 发送中断允许位。SPTIE＝1：允许发送器空（SPTE）中断；SPTIE＝0：禁止 SPTE 中断。

2. SPI 状态控制寄存器 SPSCR

SPSCR 寄存器的 ERRIE、MODFEN、SPR1、SPR0 为可读/写位，而 SPRF、OVRF、MODF、SPT 是只可读出位。

位	7	6	5	4	3	2	1	0	地址：
R	SPRF	ERRIE	OVRF	MODF	SPTE	MODFEN	SPR1	SPR0	$0011
W	—		—	—	—				
复位值	0	0	0	0	0	0	0	0	

SPRF：SPI 接收器满标志。在数据从移位寄存器传至接收数据寄存器时置位 SPRF，在 SPRIE＝1 时可产生中断。在 SPRF 置位时读出 SPSCR，再读出 SPI 数据寄存器，便清"0" SPRF。1：接收数据寄存器满；0：接收数据寄存器空。

ERRIE：出错中断允许标志。1：允许 MODF 和 OVRF 出错中断；0：禁止 MODF 和 OVRF 出错中断。

OVRF：溢出标志，在软件未读接收数据寄存器的数据时，移位寄存器又收到下一个字节，数据将会丢失，称为溢出，此时 OVRF 被置 1。在 OVRF 置 1 时读出 SPSCR，再读出 SPDR，使 OVRF 清"0"。1：数据接收时发生溢出；0：数据接收时没发生溢出。

MODF：方式错标志，当 MODFEN＝1，在主机方式时，$\overline{SS}$ 变成 0 时置位 MODF。在从机方式时，$\overline{SS}$ 变高时置位 MODF。这表明 $\overline{SS}$ 信号与 SPI 的当前工作方式不符。在 MODF 置位时读 SPSCR，再写 SPDR，使 MODF 清"0"。1：$\overline{SS}$ 脚发生不正常电平；0：$\overline{SS}$ 脚电平正常。

SPTE：SPI 发送器空标志，一个字节从发送数据寄存器传送至移位寄存器时置位。SPTE 允许时可产生中断。向 SPI 数据寄存器写入数据时使 SPTE 位清"0"。1：发送数据寄存器空；0：发送数据寄存器不空。

MODFEN：方式错允许标志，它允许方式错检测功能。在主机方式，MODFEN＝0，允许 $\overline{SS}$ 脚用作通用 I/O 端口（PTD0）。在 MODFEN＝1 时，允许方式错检测功能（这时 $\overline{SS}$ 脚为输入）。

SPR1 和 SPR0 SPI 波特率选择位，在主机方式，它们选择 4 种分频率之一，见表 7 - 4（注：在设置 CPOL、CPHA 和 SPR1、SPR0 时，应先置 SPE＝0）。

表 7 - 4　SPI 主机波特率选择

SPR1	SPR0	波特率分频率（BD）
0	0	2
0	1	8
1	0	32
1	1	128

SPI 波特率可按下式计算：

$$波特率＝\frac{CGMOUT}{2\times BD}$$

式中，CGMOUT 为时钟发生器模块（CGM）的基本时钟输出，BD 为波特率分频率。

四、SPI 数据寄存器 SPDR

SPI 数据寄存器是两个完全独立的寄存器，包括只可读出的接收数据寄存器和只可写入的发送数据寄存器，它们占用同一个端口地址 \$0012。读 SPDR 是读出接收数据寄存器的内容，将数据写入 SPDR 是写入发送数据寄存器。不能将读-修改-写指令用于 SPDR。因为读操作和写操作实际上作用在不同的寄存器上。

五、SPI 使用方法

1. 硬件连接方法

在把 SPI 与一片串行 I/O 扩展芯片（或几片相同芯片串联）相连时，只需按要求连接 SPI 的 SPSCK、MOSI、MISO 三根线。

例如 SPI 也可以用于单片机多机通信，其中一个为主机，其余为从机，硬件连接方法如图 7-9 所示。

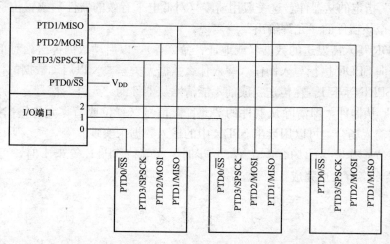

图 7-9 一个主机与多个从机通信时的连接方式

在通信时，主机首先通过从 I/O 端口相应引脚（0、1、2）输出低电平来选择某一个从机，然后将数据写入 SPDR，从机就能收到数据并实现与主机的通信。

2. 软件编程方法

（1）初始化。SPI 在使用前必须加以初始化。初始化操作主要是将控制字输入 SPCR 和 SPSCR。

1）置 MSTR 为 1，使 MCU 为主机方式，对 I/O 扩展来说，这是必须的。

2）置 SPR1、SPR0 为适当值，使 SPI 时钟（SPSCK）能满足所有扩展的 I/O 芯片的时钟要求。M68HC08 在总线频率为 8MHz 时，最高的 SPI 时钟频率为 4MHz，完成一次串行数据传送约需 2ms。

3）置 CPOL 和 CPHA 为适当值，使 SPI 时序能满足所有串行 I/O 扩展芯片的时序要求。其中主要应考虑 I/O 扩展芯片是在 SCK 上升沿还是下降沿移入（或移出）数据。对一般的 D 触发器类型的扩展芯片，均是在 SCK 上升沿移入和移出数据。这样，对于输入芯片（如 74HC165、166、589 等），应选择 MCU 在下降沿采集输入数据的方式。即可选 CPOL＝0，CPHA＝1。

对于输出芯片（如 74HC164、595 等），应选择 MCU 在上升沿前半周（即下降沿）输出数据的方式，即可选 CPOL=0，CPHA=0 或 CPOL=1，CPHA=1。

对于需同时扩展这两种芯片，则应置 CPHA=1，CPOL=1，同时在输入芯片的时钟输入端前加一个反相器，而输出芯片的时钟输入端则直接接 SPSCK。

对于一些特殊的串行 I/O 扩展芯片，如串行 A/D、D/A 芯片，串行时钟芯片，串行 EEPROM，串行 LCD、LED 驱动芯片等，应根据它们的特性选择适当的 CPOL 和 CPHA，方法同前。

4）按是否使用 SPI 中断来决定使相应的中断允许位为 0 还是 1。一般情况下，对主机方式的 SPI，均采用程序询问方式，特别是在 SPI 时钟速率较高时更应如此。对从机方式的 SPI，应采用中断方式，因为这时的串行发送由外部主机启动。

（2）传送方法。在对 SPCR 和 SPSCR 进行初始化后，可进行数据传送。对每次数据传送，需执行四个操作：

1）"允许"指定的从器件，这一般用清零（对低电平有效的器件）或置位（对高电平有效的器件）接至该器件的"允许输出"线实现。

2）向 SPDR 写入需发送的数据（或地址、命令等），以启动数据传送。对单独接收数据的场合，也需向 SPDR 执行写入操作（写入什么数据无关紧要）以启动数据的传送。

3）等待 SPRF 等于 1。在传送完成前不能清除从器件的"允许"信号。

4）"禁止"从器件，即清除从器件的"允许"信号（置位或清零允许输出控制端）。在执行串行数据输入场合，可以用读出 SPDR 中的输入数据来实现。

对于多字节连续发送的场合，在第 3）步时，在等待 SPTE 等于 1 时，可再写入数据[转 2)]，直至多字节发送完成。

习 题 和 思 考 题

1. SCI 的核心部件是什么？其主要作用是什么？

2. SCI 波特率寄存器有什么作用？怎样选择波特率？

3. 什么是多处理机通信？多处理机通信的基本方法是什么？请简述其通信过程。

4. SPI 通过什么方式实现与外围设备的通信？这种方式有什么优点？

5. 编写一完整程序，将自 DATA 开始的数据缓冲区中的 50 字节数据通过 SCI 接口发送出去。要求编制结构完整的（即包含所有必须的伪指令和复位矢量以及中断矢量等必要的部分）全部程序。

第八章 接口设计举例

M68HC08 单片机已配置了相应的接口部件。因此通常只需要设计输入信号的调理电路和输出信号的缓冲放大电路就可以组成单片机的各种应用系统。本章举例说明其设计方法。

第一节 输入电路设计

直流电源柜单片机监控系统的设计。

直流电源柜是电站、通信系统交换机站等系统的备用电源。它要求可靠性高、性能稳定、符合无人值守的要求。一般由半导体电力变流器和用于蓄电池充电及浮充电的晶闸管整流器以及微机监控系统组成。要求设计一个单片机监测控制系统达到上述要求。在这个系统中，一个重要的问题是必须保证直流电源柜上几十至几百伏特的高电压不致伤害单片机和有关接口电路。

一、单片机监控系统的功能

直流电源柜内有个蓄电池组，通常由几十个镉镍蓄电池或阀控式铅酸蓄电池组成。通过串联构成 48V、110V 或更高电压的直流电压源。它们应随时处于充足电的备用状态，因此蓄电池组通常运行于浮充状态。要求单片机监控系统提供如下的充电程序：对不同种类蓄电池组按指定电流进行恒流充电，当电池组的端电压达到均充整定值时，单片机控制充电及浮充电装置自动转为恒压充电。此后，蓄电池组的充电电流将逐渐减小，当充电电流减小到特定电流值时（与蓄电池种类有关），单片机开始计时。延续充电 3 小时后，单片机控制充电及浮充电装置自动转为浮充电状态运行。

在运行正常的浮充电状态过程中，每隔 3 个月，单片机监控系统控制充电及浮充电装置对蓄电池组进行一次上述的恒流充电——恒压充电——浮充电过程。

单片机监控系统还必须完成对交流电源的监视。当交流电源断电时，充电及浮充电装置停止工作，单片机监控系统自动跟踪调压，并且无间断地向二次控制母线送电。单片机监控系统还应具有欠压、过压报警功能，过流保护功能等，在检测到超出正常范围的数据时发出声光报警信号。

单片机监控系统还必须随时监视每个蓄电池的工作状态，当发现某个蓄电池充不上电、其电压低于某个指定值时，就及时报警，提醒操作人员核实，以便及时更换有问题的蓄电池。

单片机监控系统还具有微机串行通信功能，可以与中央控制室的微机相互交换信息。由中央控制室随时读取直流电源柜的现场数据，或接受由中央控制室发来的各种指令并可按照指令进行状态转换或完成某种功能。

二、单片机监控系统的组成

单片机监控系统如图 8-1 所示，它由下列主要模块组成：

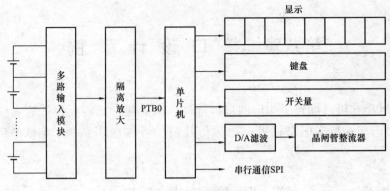

图 8-1　系统组成

1. 多路输入模块

由于直流电源柜通常由多个蓄电池串联形成蓄电池组，监控系统必须采集每个蓄电池的电压信号。多路输入模块采用巡回检测的方式。多路输入模块由微型继电器组成，由于串联电池组能形成远高于 TTL 电平的电压，采用微型继电器可以有效地将微型继电器驱动电路与测量通道隔离开。微型继电器驱动电路由单片机控制，每次接通一路，依次接通每个蓄电池，一次巡回采样过程就可以依次把整个蓄电池组的电压采集一遍。

2. 高压隔离线性光耦放大电路及 A/D 变换

该电路对各路信号进行放大、校正，供 A/D 转换使用。可以采用线性光耦合放大电路。线性光耦合器件 TIL300 的输入输出之间能隔离 3500V 的峰值电压，它可以有效地将测量通道与计算机系统隔离开来，使计算机系统避免测量通道部分较高电压的危害，其对信号放大的线性度也很好。

多路输入和高压隔离线性光耦放大电路的电路图如图 8-2 所示。

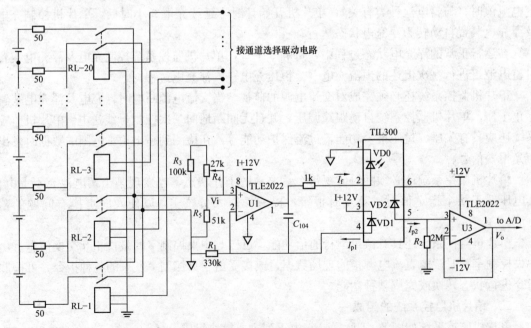

图 8-2　多路输入和高压隔离线性光耦放大电路的电路图

图 8-2 中 TIL300 是线性光耦合器件，适合交流与直流信号的隔离放大，其主要技术指标如下：

带宽：>200kHz

传输增益稳定度：$\pm 0.05\%/^\circ$C

峰值隔离：3500V

C_{104} 是 0.1μF 的独石电容，防止电路产生震荡。TIL300 内部 VD0 是发光二极管，其电流工作点 I_f 可选为 10mA。VD1、VD2 光敏二极管，它们受 VD0 的激发分别产生电流 I_{p1} 和 I_{p2}，其大小与 I_f 有关。可表示为

$$I_{p1} = K_1(I_f)$$
$$I_{p2} = K_2(I_f)$$

式中 $K_1(I_f)$，$K_2(I_f)$ 表明 I_{p1}、I_{p2} 随 I_f 的变化规律，可称为光耦合函数，由于 VD1、VD2 用相同的工艺作成，并与 VD0 封装在一起，因此它们的光耦合函数的变化规律相当一致，故可设

$$K = \frac{I_{p2}}{I_{p1}} = \frac{K_2(I_f)}{K_1(I_f)} \tag{8-1}$$

实际可以把 K 看作常数，K 的值是 TIL300 的电气参数，典型值为 1。参数取值范围为 $0.75 \sim 1.25$。

U1 的电路构成一个负反馈放大器，其同相输入端和反相输入端的电压应近似相等，即满足

$$V_i \approx I_{p1}R_1 \tag{8-2}$$

U3 是一个射极跟随器，其输入阻抗很高，输出电压 V_o 等于输入端电压，即

$$V_o = I_{p2}R_2 \tag{8-3}$$

于是高压隔离线性光耦合放大电路的增益为

$$\frac{V_o}{V_i} = \frac{I_{p2}}{I_{p1}} \times \frac{R_2}{R_1} = K\frac{R_2}{R_1} \tag{8-4}$$

由于被测量的蓄电池电压是由 R_3、R_4、R_5 分压后输入 U1 同相端，所以，

$$V_i = E \frac{R_5}{R_3 + R_4 + R_5} \tag{8-5}$$

E 是蓄电池的端电压，由此可得

$$V_o = K\frac{R_2}{R_1} \times \frac{R_5}{R_3 + R_4 + R_5} \tag{8-6}$$

式（8-6）表明 V_o 与 E 是线性关系。

$I+12$V 是个独立电源，用于 U1 和 TIL300 的输入部分，± 12V 也是个独立电源，用于 U3 和 TIL300 的输出部分。这两个电源的隔离对电路的高压隔离性能有很大影响，应选用电源变压器中两组彼此有良好绝缘的线圈来制作。

微型继电器输入端串接的 50Ω 电阻是测量回路中的限流电阻，防止意外短路或绝缘不良产生过大电流烧毁器件或毁坏蓄电池，由于 U1 运算放大器的输入阻抗很高，50Ω 限流电阻对测量精度无影响。这些限流电阻应选择功率值大于 1W 的金属膜电阻。

调节电位器 R_4 可以适应不同端电压的蓄电池。

有关软件编程设计和其他电路设计不再介绍。

第二节　输　出　电　路　设　计

下面以 PWM 脉宽调制信号的输出驱动电路为例加以介绍。

PWM 脉宽调制信号适合作以下工作：

1. 控制电机的转速（串激振流子电机、单相电机、直流电机）和电热式加热装置

控制电机转速和电热式加热装置需要较大的功率，PWM 脉宽调制信号必须经过变换装置才能提供足以驱动电机的功率或加热装置需要的功率，常用的变换装置是固态继电器。固态继电器的主要特点如下：

（1）光电耦合器作为输入级，完善的隔离使其具有高抗干扰能力。

（2）输入端与 DTL、TTL、HTL 电平兼容，可采用直流或脉冲触发方式。

（3）无触点、无火花、无机械运动部件、无动作噪声、耐振动、寿命长。

（4）小的死区电压，小射频干扰。

（5）内部具有 RC 过电压吸收电路。

（6）高于 2kV 的输入、输出间及底壳间的安全绝缘电压，UL 认可的安全部件。

固态继电器（SSR）按输入控制方式可分为电阻型、恒流源和交流输入控制型。目前主要的产品是 5V TTL 电平用电阻输入型，当输入信号电压高于 5V 时，可以在输入端串联限流电阻，限流电阻的选择见表 8-1。

表 8-1　　　　　　　　　　　　　　　限 流 电 阻 的 选 则

输入信号电压（V）	限流电阻（Ω）	输入信号电压（V）	限流电阻（Ω）
5	0	15	1.2k
12	820	24	1.8k

另一方面，如果单片机输出的 PWM 信号不能满足 SSR 所要求的触发工作电流（10mA～25mA），也可以加一级缓冲放大电路。

使用固态继电器作为功率变换装置的电路如图 8-3 所示。

2. 作 D/A 转换器

使用积分电路就可以把 PWM 脉冲变成 D/A 转换器输出的电压信号。使用 PWM 实现 D/A 转换的积分电路如图 8-4 所示。

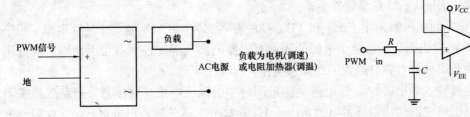

图 8-3　固态继电器作为功率变换装置的电路　　　图 8-4　D/A 转换器的积分电路

在图 8-4 中，输出端 V_{out} 的平均电压与 PWM 脉冲的占空比成正比。

实际的 V_{out} 输出是在平均电压的基础上叠加一定的纹波。积分电路中电容、电阻值和

PWM 的频率将影响纹波的幅度和频率，也影响响应速度。

为了使通道引脚输出正确的 PWM 波形，应按下列步骤进行初始化：

（1）禁止 TCNT 计数，复位 TCNT；

（2）对模寄存器 TMOD 写入常数，以确定 PWM 的周期；

（3）对通道寄存器写入数据以确定 PWM 的占空比；

（4）对通道状态控制寄存器写入控制字；

（5）允许 TCNT 计数。

【例 8-1】 设总线时钟频率为 $f_{BUS}=4MHz$，PWM 频率为 7.8125kHz，周期为 $128\mu s$，由 T1CH0 输出 PWM 脉冲，则

（TMOD）＝＄1FF、（T1CH0）＝＄80、（T1SC0）＝＄1A。

初始化子程序清单如下：

```
INTT1CH0：MOV   ＃＄30，T1SC
          MOV   ＃＄01，TMODH
          MOV   ＃＄FF，TMODL
          MOV   ＃＄0，T1CH0H
          MOV   ＃＄80，T1CH0L
          MOV   ＃＄1A，T1SC0
          MOV   ＃S0，T1SC
          RTS
```

第三节　LED（Light Emitting Diode）数码显示器接口电路设计

一、LED 数码显示器的结构

LED 数码显示器是由发光二极管（LED）组合显示字符的显示器件。它使用了 8 个发光二极管，其中 7 个用于显示字符，1 个用于显示小数点，通常称为 7 段（或 8 段）发光二极管数码显示器。其内部结构如图 8-5 所示。LED 数码显示器分为共阴极数码显示器和共阳极数码显示器两种类型。

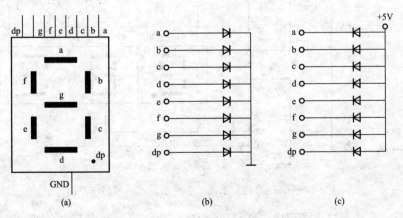

图 8-5　LED 数码显示器的内部结构

(a) 引脚图；(b) 共阴极；(c) 共阳极

二、LED 数码显示器接口电路设计

1. LED 静态显示方式

各数码管的共阴极（或共阳极）连接在一起并接地（接＋5V），每个数码管的各段分别与一个 8 位的锁存器输出相连，这样当锁存器存入一个数据后，数码管将始终显示此数据。图 8－6 所示是一个 LED 显示器静态显示方式的接口电路图。

LED 数码显示器静态显示方式的接口电路的特点是硬件电路多、编程简单。

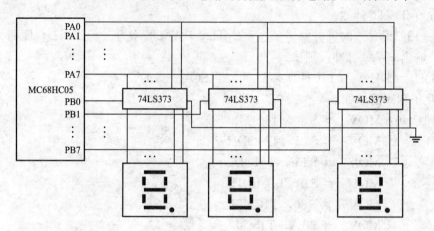

图 8－6　LED 数码显示器静态显示方式的接口电路图

2. LED 动态显示方式

将各个数码管对应的段选线并联在一起，由一个 8 位的 I/O 口控制，形成段选线的多路复用。而各位的公共极（共阳或共阴）分别由相应的 I/O 口线控制，实现各位的分时选通。图 8－7 所示是一个 LED 显示器动态显示方式的接口电路图。

LED 显示器动态显示方式的接口电路的特点是硬件电路简单、程序设计复杂。

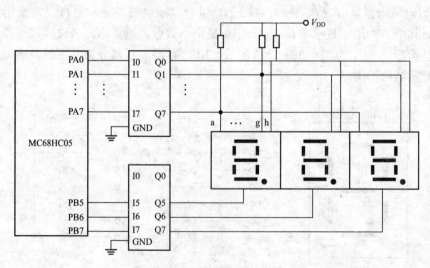

图 8－7　LED 数码显示器动态显示方式的接口电路图

下面介绍一个动态显示子程序：DISP 子程序。数字显示字模存放在以 DISTAB 为首址的区域中，待显示数字存放在以 DISBUF 为首址的区域中。

```
DISP:      LDA      ＃＄FF
           STA      PADDR
           STA      PBDDR
           CLRX
           STX      BUFF
           LDA      ＃＄20
           STA      BUFF1
DDISP:     CLR      PBDR
           LDX      BUFF
           LDX      DISBUF, X
           LDA      DISTAB, X
           STA      PADR
           LDA      BUFF1
           STA      PBDR
           JSR      DELAY
           INC      BUFF
           LSLA
           STA      BUFF1
           BNE      DDISP
           RTS
DISTAB:    FCB      ………
```

第四节　LCD（Liquid Crystal Display）接口电路设计

一、LCD 的基本结构及工作原理

LCD（液晶显示器）是一种低功耗显示器，其应用特别广泛，从电子表到计算器，从袖珍式仪表到便携式微型计算机以及一些文字处理机都利用了 LCD。下面介绍 LCD 的工作原理及有关接口技术。

液晶是一种介于液体与固体之间的热力学的中间稳定相。其特点是在一定的温度范围内既有液体的流动性和连续性，又有晶体的各向异性，其分子呈长棒形，长宽之比较大，分子不能弯曲，是一个刚性体，中心一般有一个桥链，分子两头有极性。

LCD 器件的结构如图 8-8 所示。由于液晶的四壁效应，在定向膜的作用下，液晶分子在正、背玻璃电极上呈水平排列，但排列方向互为正交，而玻璃间的分子呈连续扭转过渡，这样的构造能使液晶对光产生旋光作用，使光的偏振方向旋转 90°。

图 8-9 显示了液晶显示器的工作过程。当外部光线通过上偏振片后形成偏振光，偏振方向成垂直方向，当此偏振光通过液晶材料之后，被旋转 90°，偏振方向成水平方向，此方向与下偏振片的偏振方向一致，因此此光线能完全穿过下偏振片而到达反射板，经反射后沿原路返回，从而呈现出透明状态。当在液晶盒的上、下电极加上一定的电压后，电极部分的液晶分子转成垂直排列，从而失去旋光性。因此，从上偏振片入射的偏振光不被旋转，当此

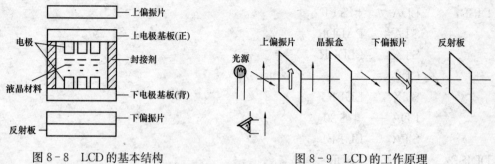

图 8-8　LCD 的基本结构　　　　　　图 8-9　LCD 的工作原理

偏振光到达下偏振片时，因其偏振方向与下偏振片的偏振方向垂直，因而被下偏振片吸收，无法到达反射板形成反射，所以呈现出黑色。根据需要，将电极做成各种文字，数字或点阵，就可获得所需的各种显示。

二、LCD 的驱动方式

LCD 的驱动方式由电极引线的选择方式确定，因此，在选择好 LCD 之后，用户无法改变驱动方式。

LCD 的驱动方式一般有静态驱动（直流电压驱动）和时间分割驱动（交流电压驱动）两种。由于直流电压驱动 LCD 会使液晶体产生电解和电极老化，从而大大降低 LCD 的使用寿命，所以现用的驱动方式多属交流电压驱动。

1. 静态驱动方式

静态驱动回路及波形图如图 8-10 所示。图中 LCD 表示某个液晶显示字段，当此字段上两个电极的电压相位相同时，两个电极之间的电位差为零，该字段不显示；当此字段上两个电极的电压相位相反时，两个电极之间的电位差不为零，为两倍幅值的方波电压，该字段呈现出黑色显示。

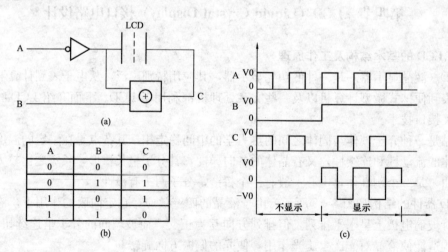

图 8-10　静态驱动回路及波形
(a) 驱动回路；(b) 真值表；(c) 波形图

液晶显示由于其两极不能加恒定的直流电压，因而给驱动带来复杂性。一般应在 LCD 的公共极（一般为背极）加上恒定的交变方波信号，通过控制前极的电压变化而在 LCD 两极间产生所需的零电压或两倍幅值的交变电压以达到 LCD 亮、灭的控制。目前已有许多

LCD 驱动集成芯片，这些芯片已将多个 LCD 驱动电路集成到一起，使用起来同 LED 驱动芯片一样方便，而且形式非常相似，后面将有介绍。

图 8-11 是 7 段 LCD 的电极配置和静态驱动电路图。7 段共用一个背极 BP，前极 a、b、c、d、e、f、g 互相独立，每段各加一个异或门进行驱动，显示字符同 LED。

2. 时间分割驱动方式

当显示字段增多时，为减少引出线和驱动回路数，必须采用时分割驱动方式。

时间分割驱动方式通常采用电压平均化法，其占空比有 1/2、1/8、1/16、1/32 等，偏比有 1/2、1/3、1/4、1/5 等。

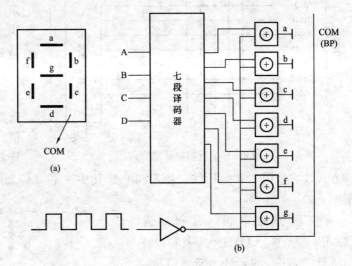

图 8-11 7 段 LCD 的电极配置和静态驱动电路

下面以点阵式 LCD 的驱动来介绍时间分割驱动方式。

在点阵式 LCD 中，使用了行驱动和列驱动，使在所选通点上的选通电压大于开启电压，但由于多点共用一个电极，在选通点外的非选通点上也加有电压，从而使清晰度下降，这就是交叉效应现象。如果在非选通点上施加只有选通电压的 1/2，使非选通电压值低于显示的截止电压，这样将减少交叉效应的影响，这就是 1/2 偏压法，波形图如图 8-12 所示。在实际应用中常用 1/3、1/4、1/7 等偏压法，使选通电压与非选通电压之间差距加大，以提高显示的清晰度。

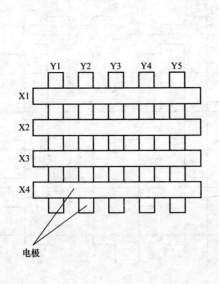

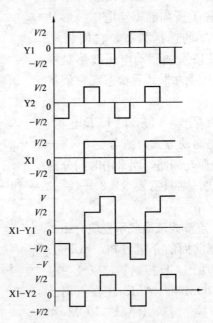

图 8-12 点阵 LCD 及其驱动波形

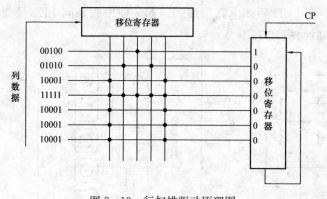

图8-13　行扫描驱动原理图

点阵式 LCD 的控制一般采用行扫描方式，原理图如图 8-13 所示。各行所施加的电压脉冲占空比为 1/行数，占空比越小，清晰度就越差，甚至还会产生闪烁现象。图示仅为一个字符"A"，当一行有多个字符时，先把列数据以串行码方式输出给列驱动器，然后产生行扫描，以实现显示状态。现以 8 位计算器 LCD 为例，介绍时间分割驱动方式，它采用 1/3 偏压法。图 8-14 是其中一位 LCD 的电极引线和时间分割驱动波形图。

三根公共电极（背极）为 COM1，COM2，COM3。其中 COM1 与所有 8 位字符的 a、b 相连，COM2 与所有 8 位字符的 c、f、g 相连，COM3 与所有 8 位字符的 d、e、dp 相连，而 S1，S2 和 S3 是每个字符的单独电极，分别与 b、c、dp，a、d、g，e、f 相连。COM 与 S 之间共形成 8 种独立的电位差，分别控制 8 个段的显示和熄灭。

从图 8-14 中驱动波形可以看出 f、a 段上所加的驱动电压波形是峰值为 V_0 的选择状态，它们将显示，而 g 段所加驱动电压波形是峰值为 $1/3V_0$ 的非显示状态，它们将熄灭。

可以看出，8 位 8 段 LCD 显示，如用静态驱动方式，则需要 $8 \times 8 + 1 = 65$ 个驱动回路，而采用时间分割驱动方式，则只需要 $3 \times 8 + 3 = 27$ 个驱动回路。

三、点阵式液晶显示模块介绍

根据前面的介绍可知，LCD 必须有相应的 LCD 控制器，以及一定空间的 ROM 和 RAM。现在人们已将 LCD 控制器、RAM、ROM 和 LCD 显示器用 PCB 连接到一起，称

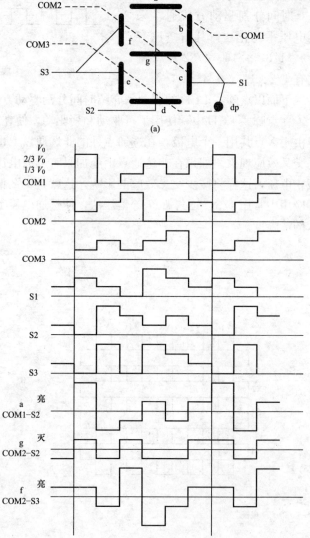

图8-14　8位接收器LCD电极引线与驱动波形

为液晶显示模块 LCM。使用者只要向 LCM 送入相应的命令和数据就可实现所需要的显示，这种模块可以很容易地与 CPU 接口，使用起来灵活方便。它是近几年国外发展很快的一项新兴产业，产品分为字符和图形两种。下面仅介绍字符显示模块的基本结构，指令功能和特点。

1. 基本结构

字符型液晶板上排列着若干个 5×7 或 5×10 点阵的字符显示位，每个显示位可显示一个字符，从规格上分为每行 8，16；24，40，80 位，有 1 行、2 行和 4 行三类。内存中 192 种字符包括英文大小写字母，数字和书写符号等。用户还可自定义 4 个 5×10 或 8 个 5×7 点阵的字符。PCB 上有 14 个引线端，其中有 8 条数据线，3 条控制线，3 条电源线，见表 8-2。可与单片机相接，通过送入数据和指令可对显示方式和显示内容作出选择。

表 8-2　　　　　　　　　字符型液晶板的引线符号、名称及其功能

引 线 号	符 号	名 称	功 能
1	VSS	地	0V
2	VDD	电源	5V±5%
3	VLCD	液晶驱动器	
4	RS	寄存器选择	H 数据寄存器，L 指令寄存器
5	R/$\overline{\text{W}}$	读/写	H 读，L 写
6	E	使能	下降沿触发
7	DB0		
⋮	⋮	8 位数据线	数据传输
14	DB7		

2. 指令功能

格式：RS R/$\overline{\text{W}}$ DB7 DB6 DB5 DB4 DB3 DB2 DB1 DB0

RS R/$\overline{\text{W}}$：选择寄存器，如表 8-3 所示。

表 8-3　　　　　　　　　选择寄存器操作

RS	R/$\overline{\text{W}}$	操　作	RS	R/$\overline{\text{W}}$	操　作
0	0	指令寄存器写入	1	0	数据寄存器写入
0	1	忙标志和地址计数器读出	1	1	数据寄存器读出

DB7～DB0：决定指令功能，共 11 种指令，具体指令说明如下：

（1）清屏。

命令格式：

RS	R/$\overline{\text{W}}$	DB7	DB6	DB5	DB4	DB3	DB2	DB1	DB0
0	0	0	0	0	0	0	0	0	1

清除屏幕显示，并置地址计数器 AC 为 0。

（2）返回。

命令格式：

RS	R/$\overline{W}$	DB7	DB6	DB5	DB4	DB3	DB2	DB1	DB0
0	0	0	0	0	0	0	0	1	X

置 DDRAM 即显示 RAM 的地址为 0，显示返回到原始位置。

（3）输入方式设置。

命令格式：

RS	R/$\overline{W}$	DB7	DB6	DB5	DB4	DB3	DB2	DB1	DB0
0	0	0	0	0	0	0	1	I/D	S

设置光标移动方向，并指定整体显示是否移动。其中 I/D=1，为增量方式；I/D=0，为减量方式。S=1，则移位；S=0，则不移位。

（4）显示开关控制。

命令格式：

RS	R/$\overline{W}$	DB7	DB6	DB5	DB4	DB3	DB2	DB1	DB0
0	0	0	0	0	0	1	D	C	B

其中，D 为控制整体显示的开与关，D=1，则开显示，D=0，则关显示；C 为控制光标的开与关，C=1，光标开，否则光标关；B 为控制光标处字符的闪烁，B=1，字符闪烁，B=0，字符不闪烁。

（5）光标移位。

命令格式：

RS	R/$\overline{W}$	DB7	DB6	DB5	DB4	DB3	DB2	DB1	DB0
0	0	0	0	0	1	S/C	R/L	×	×

移动光标或整体显示，DDRAM 中内容不变。其中 S/C=1 时，显示移位；S/C=0 时，光标移位。R/L=1 时，向右移位；R/L=0 时，向左移位。

（6）功能设置。

命令格式：

RS	R/$\overline{W}$	DB7	DB6	DB5	DB4	DB3	DB2	DB1	DB0
0	0	0	0	1	DL	N	F	×	×

其中，DL 为设置接口数据位数，DL=1 为 8 位数据接口，DL=0 为 4 位数据接口；N 为设置显示行数，N=0，单行显示，N=1 双行显示；F 为设置字形大小，F=1，为 5×10

点阵，F＝0 时为 5×7 点阵。

（7）CGRAM（字符生成 RAM）地址设置。

命令格式：

RS	R/$\overline{\text{W}}$	DB7	DB6	DB5	DB4	DB3	DB2	DB1	DB0
0	0	0	1	A	A	A	A	A	A

本命令设置 CGRAM 的地址，地址范围为 0～63。

（8）DDRAM（显示数据 RAM）地址设置。

命令格式：

RS	R/$\overline{\text{W}}$	DB7	DB6	DB5	DB4	DB3	DB2	DB1	DB0
0	0	1	A	A	A	A	A	A	A

DB6～DB0：设置 DDRAM 的地址，地址范围为 0～127。

（9）读忙标志 BF 及地址计数器。

命令格式：

RS	R/$\overline{\text{W}}$	DB7	DB6	DB5	DB4	DB3	DB2	DB1	DB0
0	1	BF				AC			

其中，BF 为忙标志。BF＝1，表示忙，LCM 不能接收命令和数据；BF＝0，表示不忙。AC 为地址计数器的值，范围为 0～127。

（10）向 CG/DDRAM 写数据。

命令格式：

RS	R/$\overline{\text{W}}$	DB7	DB6	DB5	DB4	DB3	DB2	DB1	DB0
1	0				DATA				

本命令将数据写入 CGRAM 或 DDRAM 中，应与 CGRAM 或 DDRAM 地址设置命令相结合。

（11）从 CG/DDRAM 中读数据。

命令格式：

RS	R/$\overline{\text{W}}$	DB7	DB6	DB5	DB4	DB3	DB2	DB1	DB0
1	1				DATA				

本指令从 CGRAM 或 DDRAM 中读出数据，应与 CGRAM 或 DDRAM 地址设置命令相结合。

有关说明：

（1）显示位与 DDRAM 地址的对应关系，见表 8-4。

表 8 - 4　　　　　　　　　　　　　　显示位与 DDRAM 地址对应关系

显示位		1	2	3	4	5	6	7	8	9	…	39	40
DDRAM 地址（H）	第一行	00	01	02	03	04	05	06	07	08	…	26	27
	第二行	40	41	42	43	44	45	46	47	48	…	66	67

（2）字符码（DDRAMDATA），CGRAM 地址与自编字形（CGRAMDATA）之间的关系，如表 8 - 5 所示。

表 8 - 5　　　　　　　　　　字符码，CGRAM 地址与自编字形之间的关系

DDRAM 数据	CGRAM 地址	CGRAM 数据
76543210	543210	76543210
0000×aaa	aaa　　　000	×××10001
	001	×××01010
	010	×××11111
	011	×××00100
	100	×××11111
	101	×××00100
	110	×××00100
	111	×××00000

字符码的高 4 位 DB4～DB7，为 0 时，即为自编字型码，其低 3 位 DB0～DB2 即 aaa 共寻址 1～8 个自编字符，并与 CGRAM 地址的 DB3～DB5 三位相对应，而 CGRAM 地址的低 3 位 DB0～DB2 则用来寻址自编自形点阵数据，即 CGRAM DATA。点阵数据每字符 8 个字节，每字节低 5 位有效。表中为字符"￥"的点阵数据。

3. 特点

（1）重量轻，<100g；

（2）体积小，约 10mm 厚；

（3）功耗低，10～15mW；

（4）显示内容丰富，内存 192 种字符（包括 ASCII 码），可自定义 8 或 4 种字符。

（5）指令功能强，可组合成各种输入、显示、移位方式，以满足不同要求。

（6）接口方便简单，可与 4 或 8 位微处理器相连。

（7）RAM 功能，80 位的屏幕存储。

（8）工作温度，0～50℃和－20～70℃两种。

（9）可靠性高，寿命是 50000h（25℃）。

四、LCD 显示程序设计举例

【例 8 - 2】　在点阵式液晶显示器上显示"WELCOME"。单片机与 LCD 模块的连接电路如图 8 - 15 所示，试设计其显示程序。

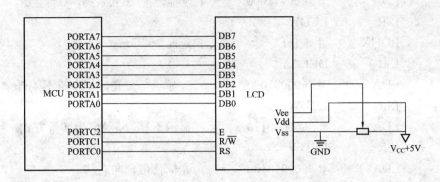

图 8-15 单片机与 LCD 模块的连接电路

程序清单如下：

PORTC	EQU	$ 0002	
DDRC	EQU	$ 0006	
PORTA	EQU	$ 0000	
DDRA	EQU	$ 0004	
RS	EQU	0	
RW	EQU	1	
E	EQU	2	
	ORG	$ 00A0	
COUNT	FCB 7		
ASCII	FCC 'WELCOME'		
ORG	$ 8000		
INIT：	LDA	＃％00001111	；PC 口低 4 位输出，高 4 位输入
	STA	DDRC	
	LDA	＃％11111111	；PA 口方向为输出
	STA	DDRA	
	JSR	INIT _ LCD	；调 LCD 初始化子程序
	LDX	＃$ 00	
LOOP：	LDA	ASCII，X	；循环取 ASCII 区字符
	JSR	SHOW	；调 LCD 显示子程序
	INCX		；指针加 1
	CPX	COUNT	
	BNE	LOOP	；字符未显示完，则继续循环
	STOP		
INIT _ LCD	LDHX	＃$ 44E	；延时≥4.5ms
	JSR	DELAY	
	BCLR	RS，PORTC	；RS，RW 设为控制字状态
	BCLR	RW，PORTC	

```
            LDA      #%00111000        ; 功能设置，8 位数据，双行显示，5×7 点阵
            JSR      LCDW
            LDHX     #$44E             ; 延时≥4.5ms
            JSR      DELAY
            LDA      #%00001000        ; 关显示，关光标，字符不闪烁
            JSR      LCDW
            LDA      #%00000110        ; 显示不移位，AC 为增量方式
            JSR      LCDW
            LDA      #%00010100        ; 光标移位，向右移
            JSR      LCDW
            LDA      #%00001100        ; 开显示，关光标，字符不闪烁
            JSR      LCDW
            LDA      #%00000001        ; 清屏
            JSR      LCDW
            LDA      #10000000         ; 置 DDRAM 地址为 $00
            JSR      LCDW
            RTS
SHOW：      BSET     RS，PORTC          ; RS、RW 设为写数据状态
            BCLR     RW，PORTC
            JSP      LCDW
            RST
LCDW：      NOP
            NOP
            STA      PORTA
            NOP
            NOP
            BSET     E，PORTC
            NOP
            NOP
            BCLR     E，PORTC
            LDHX     #$0020            ; 延时>40μs
            DBNZX    *
            RTS
DELAY：     AIX      #-1
            CPHX     #0
            BNE      DELAY
            RTS
```

第五节 矩阵式键盘接口电路设计

矩阵式键盘接口是一种常用的接口电路，适用于按键数量较多的场合，与独立式按键相比，用矩阵式键盘设计键盘接口电路，能节省很多I/O资源。

【例8-3】 单片机与矩阵式键盘的连接电路如图8-16所示，试设计其键盘接口程序。

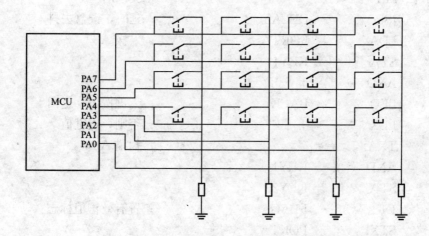

图8-16 单片机与矩阵式键盘的连接电路

程序清单如下：

```
                PORTA       EQU         $0000        ;定义寄存器
                DDRA        EQU         $0004
                KEYST       EQU         $001A
                KEYIT       EQU         $001B


                            ORG         $00A0
                KEY1        RMB  1                    ;定义工作单元
                KEY2        RMB  1
                FLAG        RMB  1
                ORG         $8000
START：         LDA         #%11110000
                STA         DDRA         ;A口高4位输出，低4位输入
                STA         PORTA        ;A口高4位置1
                LDA         #%00000100   ;设键盘控制字，清键盘中断
                STA         KEYST
                LDA         #%00001111   ;设键盘中断使能字
                STA         KEYIT
```

```
              LDA        #$00
              STA        FLAG
              CLI                              ;开总中断
LOOP：        LDA        FLAG                   ;等待键盘中断
              CMP        #00
              BEQ        LOOP
              ……                              ;键值处理
KEYSCAN：     SEI                              ;关中断
              JSR        DELAY                  ;延时，键盘去抖
              LDA        PORTA                  ;采样 A 口
              STA        KEY1
              AND        #$0F
              BEQ        BACK                   ;无键按下，返回
              LDX        #$EF                   ;否则，查键值
SCANI：       TXA                              ;扫描 A 口
              AND        KEY1
              STA        KEY2
              INC        FLAG                   ;置有效键值标志
              STX        PORTA
              LDA        PORTA
              AND        #$0F
              BEQ        BACK
              DEC        FLAG                   ;清有效键值标志
              LSLX
              INCX
              BCS        SCANI
BACK：        LDA        #%00000100
              STA        KEYST
              CLI
              RTI
DELAY：       LDA        #$52                   ;延时子程序
DELAY1：      DECA
              BNE        DELAY1
              RTS

              ORG        $FFE0
              FDB        KEYSCAN                ;定义中断向量
              ORG        $FFFE
              FDB        START
```

第六节　串行 A/D 转换器接口设计

MC145051 是典型的 10 位串行 A/D 转换器，有 11 路模拟量输入，内部有采样保持电路和 RC 震荡电路，其内部原理图和详细的 A/D 转换器工作时序如图 8-17 所示，由图可见，原理图内主要的数字接口信号有：

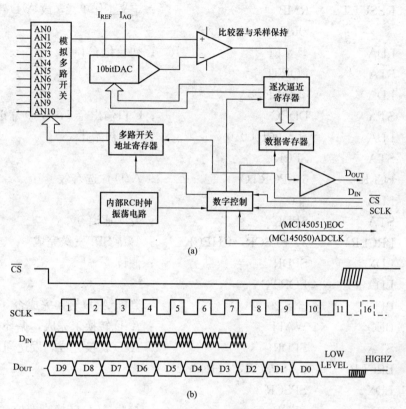

图 8-17　MC145051 的内部原理图和 A/D 转换器的工作时序

(1) $\overline{\text{CS}}$：片选信号，低电平有效。当 $\overline{\text{CS}}$ 为 0 时，启动 A/D 转换；反之，迫使 D_{OUT} 为高阻态，禁止 D_{IN} 输入。

(2) D_{OUT}：串行数据输出，且最高位在前。

(3) D_{IN}：串行数据输入，接收串行数据流的 4 位地址。

(4) SCLK：串行数据时钟。

(5) EOC：A/D 转换结束标志，当 A/D 完成时，EOC 由低变高。

(6) AN0～AN10：模拟量输入。

【例 8-4】　MCU 与串行 A/D 转换器的接口电路如图 8-18 所示，以查询方式采样通道 0，将采样值放入 RAM 区 RESULT 单元。

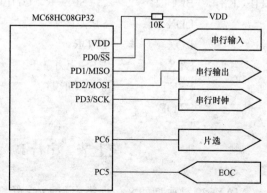

图 8-18　MCU 与串行 A/D 转换器的接口电路

```
            PORTC      EQU         $ 0002           ; 定义寄存器地址
            DDRC       EQU         $ 0006
            SPCR       EQU         $ 0010
            SPSCR      EQU         $ 0011
            SPDR       EQU         $ 0012
                       ORG         $ A0
            RESULT     RMB         2                ; 定义工作单元, 放 A/D 转换结果
                       ORG         $ 8000
START：     LDA        ＃$ FF                       ; 初始化 C 口
            STA        PORTC
            LDA        ＃$ FE
            STA        DDRC                         ; C 口输出全 1, A/D 片选无效
            LDA        ＃％00100010                 ; SPI 初始化
            STA        SPCR
            BCLR       6, PORTC                     ; A/D 片选有效
            LDA        ＃0
            STA        SPDR                         ; 发送通道 0
CHECK1：    BRCLR      3, SPSCR, CHECK1             ; 等待 SPI 发送完成
            LDX        SPDR                         ; 假读
WAIT：      LDA        PORTC
            BIT        ＃$ 20                       ; 判断 A/D 转换完成否
            BEQ        WAIT                         ; A/D 转换未完成, 循环等待
            STA        SPDR                         ; A/D 转换完成, 发送通道 0
CHECK2：    BRCLR      7, SPSCR, CHECK2
            LDX        SPSCR
            LDX        SPDR                         ; 接收 A/D 转换高 8 位
            STX        RESULT
            STA        SPDR
CHECK3：    BRCLR      7, SPSCR, CHECK3
            LDX        SPSCR
            LDX        SPDR                         ; 接收 A/D 转换最低 2 位
            STX        RESULT+1
            BSET       6, PORTC                     ; A/D 片选无效
            STOP
```

第七节　串行 D/A 转换器接口设计

　　MAX529 是典型的 8 位通道串行 D/A 转换器, 内部有 8 个缓冲放大器和 2 个参考输入端。其主要数字接口信号有: $\overline{\text{CS}}$: 片选信号, 低电平有效; DOUT: 串行数据输出端;

DIN：串行数据输入端；CLK：串行数据时钟端。

　　MAX529 是以 16 位信息的形式来编程的，前一个 8 位包括地址指针，后一个 8 位包含数据字节。这 16 位数据以串行方式从 DIN 引脚输入，且 A7 在最前，D0 在最后。其具体的结构框图和详细的工作时序如图 8-19、图 8-20 所示。

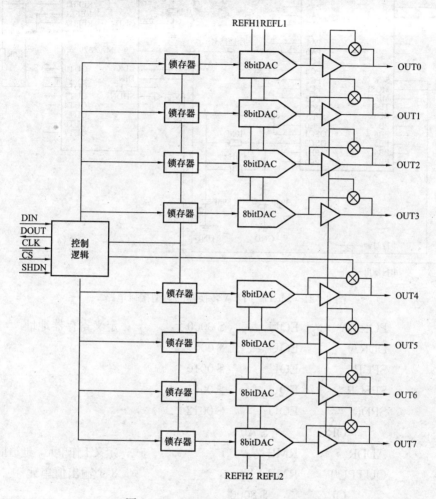

图 8-19　MAX529 的内部结构框图

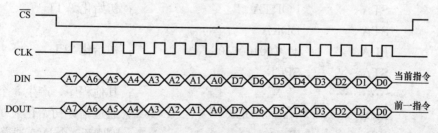

图 8-20　MAX529 的工作时序

【例 8-5】　MAX529 与 MCU 的接口电路如图 8-21 所示，将 RAM 区中存放的 8 个 D/A 输出数据依次输出，刷新 D/A 输出。

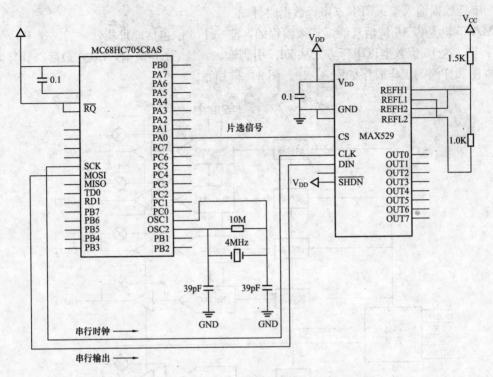

图 8-21 MCU 与 D/A 转换器的典型接口电路

PORTA	EQU	$0000	；定义寄存器地址
DDRA	EQU	$0004	
SPCR	EQU	$0010	
SPSCR	EQU	$0011	
SPDR	EQU	$0012	
	ORG	$A0	
ADDR	RMB	1	；定义工作单元，通道指针
OUTPUT	RMB	8	；8 个输出值单元
	ORG	$8000	
START：	LDA	#$FF	
	STA	PORTA	；初始化 A 口
	STA	DDRA	
	LDA	#%00100010	；初始化 SPI
	STA	SPCR	
	…………		；其他程序，产生 8 个输出值
	MOV	#0，ADDR	；通道指针初始化为 0
LOOP：	JSR	TXD	；调刷新一个 D/A 通道子程序
	INC	ADDR	；通道指针加 1
	LDA	ADDR	
	CMP	#$08	；8 个通道是否刷新完成?

```
              BLO        LOOP                          ；未完成，循环
              STOP
              .........
TXD：         BCLR       0，PORTA                      ；D/A 片选有效
              LDX        ADDR                          ；发送通道地址
              STX        SPDR
CHECK1：      BRCLR      7，SPSCR，CHECK1              ；等待 SPI 发送完成
              LDA        OUTPUT，X                     ；取此通道相应输出值
              STA        SPDR                          ；发送 D/A 输出值
CHECK2：      BRCLR      7，SPSCR，CHECK2
              BSET       0，PORTA                      ；D/A 片选无效
              RTS
```

第九章　MCS-51系列单片机

　　Intel公司生产的MCS-51系列单片机也是应用最广泛的单片机之一。各种类型的单片机在结构和使用方法上都是类似的，本章简要介绍Intel MCS-51系列单片机，大家结合前几章的学习，就能很快掌握MCS-51单片机应用系统的设计方法。

第一节　概　　述

　　MCS-51是一种高性能的八位单片机。这一系列单片机依其制造工艺可分成HMOS和C-HMOS两大类。从其内部结构可分为8051/8751/8031、8052/8032和8044/8744/8344三种产品类型。

　　8051片内有4K字节掩膜ROM。

　　8751片内有4K字节EPROM。

　　8031片内无程序存储器。

　　8052、8032与8051、8031相当，其区别是：

　　(1) 8052片内有8K ROM；

　　(2) 8052 (8032) 片内有3个16位定时/计数器，而8051 (8031) 只有2个16位定时/计数器。

　　8044/8744/8344也与8051/8751/8031相当，它们之间的区别是8044等片内有一通信控制器，它能实现HDLC/SDLC通信协议，特别适宜于组成单片机通信网。

　　上面介绍的产品都是用HMOS工艺制造的。使用C-IIMOS工艺制造的产品属于低功耗产品，它们的编号为80C51、80C31。

　　8051系列的所有产品都是40脚封装，它们的引脚功能与指令系统完全兼容。当前使用较多的是8051/8751/8031，这三种芯片中，又以8031应用最广，因此本章主要介绍8031芯片。

一、基本特性

MCS-51系列单片机基本特性如下：

　　(1) 8位微处理器 (CPU)。

　　(2) 片内有振荡和定时电路。

　　(3) 128/256字节片内数据存储器 (RAM)。

　　(4) 4K/8K字节片内程序存储器 (ROM/EPROM)。

　　(5) 21/26个特殊功能寄存器 (SFR)。

　　(6) 32根 (4个并行口) I/O线。

　　(7) 2/3个16位可编程定时/计数器。

　　(8) 5/6个中断源，可编程分为两个优先级。

　　(9) 一个全双工的，可运行于同步/异步方式的串行口。

（10）64K 片外程序存储器空间寻址。

（11）64K 片外数据存储器空间寻址。

（12）具有位寻址功能。

（13）使用单一＋5V 电源，主时钟频率可以从 6～12MHz 之间选用。

二、MCS-51 单片机的组成

图 9-1 是 MCS 51 系列单片机的简化组成框图。

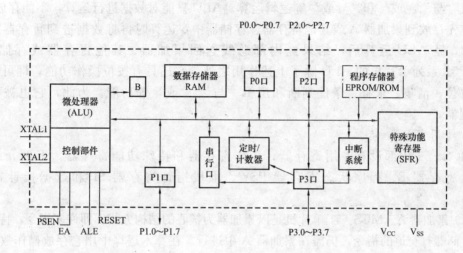

图 9-1　MCS-51 系列单片机的简化组成框图

三、MCS-51 的引脚

MCS-51 系列单片微机芯片引脚见图 9-2。其引脚功能如下：

V_{CC}、V_{SS}：＋5V 电源和接地端。

XTAL1：片内振荡电路输入端。

XTAL2：片内振荡电路输出端。

$\overline{EA}$/Vpp：$\overline{EA}$ 是内部和外部程序存储器选择端，在给片内 EPROM 编程时是编程电压输入引脚。

RESET：复位信号输入端。

ALE/$\overline{PROG}$：地址锁存信号输出端，在给片内 EPROM 编程时是编程脉冲输入引脚。

$\overline{PSEN}$：外部程序存储器读选通信号输出端。

P0.0～P0.7
P1.0～P1.7
P2.0～P2.7
P3.0～P3.7 } 四个 8 位 I/O 端口。

其中 P0 口、P2 口、P3 口除用作通用 I/O 口外，还有第 2 功能。

四、CPU 简介

CPU 由运算器和控制器两部分组成。

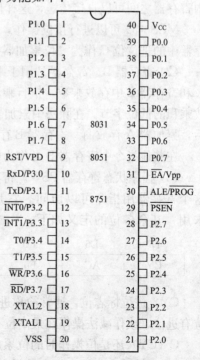

图 9-2　MCS-51 的引脚

运算器包括算术逻辑部件 ALU，累加器 A、寄存器 B、暂存器 1、暂存器 2、程序计数器 PC、程序状态寄存器 PSW、堆栈寄存器 SP、数据指针寄存器 DPTR 以及布尔处理器等。

控制器部件包括指令寄存器、指令译码器与控制逻辑阵列 PLA 和时钟振荡器等。

1. 算术逻辑部件 ALU

算术逻辑部件在控制器部件发出的信号控制下，对数据进行加、减、乘和除等算术运算以及 '与'、'或' 和 '异或' 等逻辑运算。ALU 只能对数据进行运算，不能存放数据。数据应先存放到累加器 A 或其他寄存器、存储器中，运算时再将数据送到暂存器 1 和暂存器 2，经 ALU 运算后，结果经内部总线送回累加器、其他寄存器或存储器中。MCS-51 系列单片机的 ALU 除了上述作用之外，它还具有按位操作功能，即可以按位进行置位、清零、求补、条件判断和逻辑 '与'、'或' 等功能。为此，它也被称为布尔处理器。

2. 专用寄存器

MCS-51 内部设有专用寄存器，工作寄存器和特殊功能寄存器。下面介绍累加器 A、寄存器 B、程序状态寄存器 PSW、堆栈指针寄存器 SP 和数据指针寄存器 DPTR。

(1) 累加器 A。MCS-51 单片机是以累加器为核心的结构方式，即许多指令，特别是与外部存储器打交道的指令，仍需在累加器 A 中进行。在算术运算中用它存放操作数和运算结果；在逻辑操作和数据传送等指令中，存放源操作数或目的操作数等。这种结构方式由于操作都要经过累加器 A，因此，存在瓶颈问题。

然而，MCS-51 单片机在内部也采取了一些措施，使得有些操作不经累加器 A，在片内寄存器之间可以直接传送，这样便缓解了累加器结构的瓶颈问题。

MCS-51 可以进行按位操作，称为布尔处理器。在进行位操作时，它使用程序状态寄存器中的进位位 C 作为 '位累加器'。进位位 C 在位操作时的作用，类似累加器。

(2) 寄存器 B。寄存器 B 用于乘除法指令，通常与累加器 A 配合使用。在乘法中累加器 A 和寄存器 B 中存放乘数，执行乘法指令后，寄存器 B 存放乘积的高位字节，累加器 A 存放乘积的低位字节。在除法中累加器 A 存放被除数、寄存器 B 中存放除数，执行除法指令后，累加器 A 存放商、寄存器 B 存放余数。

在其他指令中寄存器 B 可作为中间结果暂存寄存器使用。

(3) 程序状态寄存器 PSW。寄存器 PSW 反映数据经 ALU 处理之后所得结果的特性。这个寄存器用指令可以访问。它是个 8 位寄存器，但实际上只用了 7 位，其中 PSW.1 未用，其余各位的定义如下。

D7	D6	D5	D4	D3	D2	D1	D0
CY	AC	F0	RS1	RS0	OV	1	P

CY：进位标志位，通常简称进位位 C。是累加器 A 的溢出位。如果作加法操作在最高位有进位、或作减法操作在最高位有借位，则 CY=1，否则 CY=0。

C（CY）还是位操作时的位累加器。

AC：辅助进位标志位，是低半字节的进位位，即累加器 A 中的 D3 向 D4 位的进位，它主要在 BCD 码调整时使用。

F0：用户定义状态标志位，可通过软件对它置位、复位或测试，留给用户使用。

RS1、RS0：工作寄存器组选择位，单片机片内数据存储器 RAM 中，将地址为 00H～1FH 的 32 个存储单元，用作工作寄存器。这 32 个工作寄存器分成 4 组，每组 8 个，都用 R0～R7 表示；为了指定当前使用的工作寄存器组，就要用 RS1、RS0 来设定，各组地址编码见表 9-1。RS1、RS0 可以用软件设定。

表 9-1　　　　　　　　　　　RS1、RS0 各组地址编码

RS1	RS0	寄存器组	对应 RAM 地址	RS1	RS0	寄存器组	对应 RAM 地址
0	0	0 组	00H～07H	1	0	2 组	10H～17H
0	1	1 组	08H～0FH	1	1	3 组	18H～1FH

OV：溢出标志位，用以表示有符号数算术运算时发生溢出与否。当次高位向最高位有进位，而最高位无进位，或反之，则表示发生溢出，OV=1，否则 OF=0。

P：奇偶标志位，当累加器 A 中的 8 位数中，'1' 的个数为奇数，P=1。当累加器 A 中的 8 位数中，'1' 的个数为奇数，P=0。

(4) 堆栈指针 SP。MCS-51 系列单片机堆栈向地址增大方向生长。在执行 PUSH 或 CALL 等指令时，堆栈指针首先自动加 1，然后把数据压入堆栈；出栈时，先将堆栈顶的内容弹出，然后堆栈指针自动减 1。

MCS-51 单片机堆栈可以设在片内数据存储器 RAM 的任何一个连续区间。但是，当单片机复位时，堆栈指针 SP 被初始化为 07H，因此，此时堆栈将从 08H 单元开始。堆栈指针 SP 可由指令改变，由用户决定将堆栈设在哪里，此项工作一般在程序初始化时进行。

(5) 数据指针 DPTR。MCS-51 有 16 位地址总线，可以访问的地址空间为 64K。而片内的数据存储器只有 256 个字节，程序存储器则为 4K 字节，大多数情况下，它们不够应用，需要外接存储器，数据指针 DPTR 是个 16 位寄存器，用于存放外接存储器地址。采用间接寻址方式可以访问的地址空间为 64K。

DPTR 还可以将其分成两个 8 位寄存器 DPH 和 DPL 使用。

第二节　MCS-51 存储器结构

MCS-51 存储器结构特点：程序存储器与数据存储器严格分开；片内存储器与片外存储器也严格分开，片内数据存储器 RAM 与特殊功能寄存器 SFR 统一编址。MCS-51 在物理上可访问的存储空间有：

(1) 64KB 片内外程序存储器；

(2) 64KB 外部数据存储器；

(3) 128 字节的片内数据存储器和 128 字节的特殊功能寄存器区（SFR）。

MCS-51 存储器结构如图 9-3 所示。

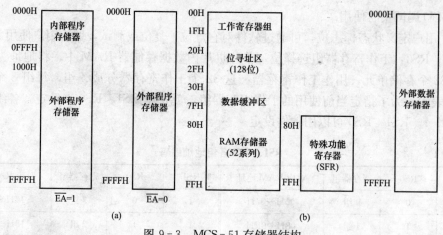

图 9-3　MCS-51 存储器结构

（a）程序存储器；（b）数据存储器

1. 程序存储器

程序存储器有片内、片外之分，对于片内外程序存储器的选择，由 $\overline{EA}$ 控制：$\overline{EA}=1$ 时，CPU 先访问片内 4KB 的 ROM（0000H～0FFFH），然后自动转向片外的 ROM（最多可达 60KB，1000H～FFFFH），组成 64KB 连续存储空间；$\overline{EA}=0$ 时，CPU 只能寻址 64KB 外部程序存储器（0000H～FFFFH）。对于片内无 ROM 型的 8031 芯片，$\overline{EA}$ 必须接地。

2. 片内数据存储器

MCS-51 片内 RAM 的低 128 字节为数据存储器（00H～7FH）。分成三个部分，见图 9-4。

字节地址	位地址							
	D7	D6	D5	D4	D3	D2	D1	D0
20H	07	06	05	04	03	02	01	00
21H	0F	0E	0D	0C	0B	0A	09	08
22H	17	16	15	14	13	12	11	10
23H	1F	1E	1D	1C	1B	1A	19	18
24H	27	26	25	24	23	22	21	20
25H	2F	2E	2D	2C	2B	2A	29	28
26H	37	36	35	34	33	32	31	30
27H	3F	3E	3D	3C	3B	3A	39	38
28H	47	46	45	44	43	42	41	40
29H	4F	4E	4D	4C	4B	4A	49	48
2AH	57	56	55	54	53	52	51	50
2BH	5F	5E	5D	5C	5B	5A	59	58
2CH	67	66	65	64	63	62	61	60
2DH	6F	6E	6D	6C	6B	6A	69	68
2EH	77	76	75	74	73	72	71	70
2FH	7F	7E	7D	7C	7B	7A	79	78

图 9-4　片内数据存储器结构

（1）工作寄存器。在片内 RAM 中地址为 00H～1FH 共 32 个单元可作为工作寄存器使用，它们分为四组，每组 8 个单元，用 R0～R7 表示，由于四组工作寄存器都用 R0～R7 表示，所以，它代表的是四组中的哪一组，要由程序状态寄存器 PSW 中的 RS1、RS0 位指定（见程序状态寄存器各位的定义）。

工作寄存器 R0～R7 主要用途如下：

1）对工作寄存器使用寄存器寻址特别方便，它主要用于存放一些常用的运算中间结果。

2）工作寄存器可用于作为循环计数器用。

3）每组中的 R0、R1 可用作内部或外部数据存储器的寄存器间接寻址的指针，寻址空间为 00H～FFH。

4）当不作为工作寄存器使用时，可作为一般数据寄存器使用，由直接寻址或寄存器间接寻址访问。

（2）直接位寻址单元。片内 RAM 中地址为 20H～2FH 的单元可以直接按位寻址。在执行位操作时，它们的位地址为 00H～7FH，字节地址与位地址对应关系如图 9-4 所示。

位寻址单元的每一位都可由程序直接进行位处理，通常把各种程序状态标志，位控制变量设在位寻址单元区。

当位寻址单元不用于位操作时，它们也可和一般 RAM 单元区一样作为用户的数据存储器使用。

可以看出，RAM 区的每个单元既有其独特的功能，又可统一编址作为数据存储器使用，这样可以充分发挥片内有限存储单元的作用。

（3）特殊功能寄存器。MCS-51 系列单片机将物理上分散在片内的一些具有特定功能的寄存器组织在一起，安排在地址为 80H～FFH 空间中，使用统一的直接寻址方式来访问它们。

8051、8751、8031 有 21 个特殊功能寄存器；8052、8032 则有 26 个特殊功能寄存器，它们大致可分为以下几类（括号内为 8052，8032 所增加的 5 个特殊功能寄存器）：

1）算术运算寄存器。

 A：累加器   字节地址：E0H

 B：寄存器   字节地址：F0H

 PSW：程序状态字寄存器   字节地址：D0H

2）指针寄存器。

 SP：堆栈指针   字节地址：81H

 DPTR：数据指针   DPL 字节地址：82H，DPTH 字节地址：83H

3）并行 I/O 口。

 P0： 口 0   字节地址：80H

 P1： 口 1   字节地址：90H

 P2： 口 2   字节地址：A0H

 P3： 口 3   字节地址：B0H

4）串行 I/O 口。

 SCON：串行控制/状态寄存器   字节地址：98H

　　　　PCON：电源控制寄存器　　　　　　　　　字节地址：87H
　　5）中断系统。
　　　　IP：中断优先级控制寄存器　　　　　　　字节地址：B8H
　　　　IE：中断允许控制寄存器　　　　　　　　字节地址：A8H
　　6）定时/计数器。
　　　　TMOD：定时器方式寄存器　　　　　　　字节地址：89H
　　　　TCON：定时器控制寄存器　　　　　　　字节地址：88H
　　　　TH0：定时器 0 高 8 位　　　　　　　　　字节地址：8CH
　　　　TL0：定时器 0 低 8 位　　　　　　　　　字节地址：8AH
　　　　TH1：定时器 1 高 8 位　　　　　　　　　字节地址：8DH
　　　　TL1：定时器 1 低 8 位　　　　　　　　　字节地址：8BH
　　　　（T2CON：定时器 2 控制寄存器）　　　　字节地址：C8H
　　　　（TH2：定时器 2 高 8 位）　　　　　　　字节地址：CDH
　　　　（TL2：定时器 2 低 8 位）　　　　　　　字节地址：CCH
　　　　（RCAP2H：定时器 2 陷阱寄存器高 8 位）字节地址：CBH
　　　　（RCAP2L：定时器 2 陷阱寄存器低 8 位）字节地址：CAH

　　这些特殊功能寄存器不连续地分布于地址空间 80H～FFH 中。其中地址号能被 8 整除的那些特殊功能寄存器单元可以直接按位寻址，位地址空间为 80H～FFH，位地址分配表如表 9-2 所示。

表 9-2　　　　　　　　　　　　　　　　8051 特殊功能寄存器 SFR

SFR	字节	位地址和名称								复位值
		D7	D6	D5	D4	D3	D2	D1	D0	
B	F0H	F7H	F6H	F5H	F4H	F3H	F2H	F1H	F0H	00H
A	E0H	E7H	E6H	E5H	E4H	E3H	E2H	E1H	E0H	00H
PSW	D0H	CY	AC	F0	PS1	PS0	OV		P	00H
		D7H	D6H	D5H	D4H	D3H	D2H	D1H	D0H	
IP	B8H			PT2	PS	PT1	PX1	PT0	PX0	XX000000B
				BDH	BCH	BBH	BAH	B9H	B8H	
P3	B0H	B7H	B6H	B5H	B4H	B3H	B2H	B1H	B0H	FFH
IE	A8H	EA			ES	ET1	EX1	ET0	EX0	0XX00000B
		AF			ACH	ABH	AAH	A9H	A8H	
P2	A0H	A7H	A6H	A5H	A4H	A3H	A2H	A1H	A0H	FFH
SBUF	99H									不定
SCON	98H	SM0	SM1	SM2	RE	TB8	RB8	TI	RI	00H
		9FH	9EH	9DH	9CH	9BH	9AH	99H	98H	
P1	90H	97H	96H	95H	94H	93H	92H	91H	90H	FFH
TH1	8DH									00H

续表

SFR	字节	位地址和名称								复位值
		D7	D6	D5	D4	D3	D2	D1	D0	
TH0	8CH									00H
TL1	8BH									00H
TL0	8AH									00H
TMOD	89H									00H
TCON	88H	TF1	TR1	TF0	TR0	IE1	IT1	IE0	IT0	00H
		8FH	8EH	8DH	8CH	8BH	8AH	89H	88H	
PCON	87H									0XXX0000B
DPH	83H									00H
DPL	82H									00H
SP	81H									07H
P0	80H	87H	86H	85H	84H	83H	82H	81H	80H	FFH

第三节　并行输入/输出端口

　　MCS-51有4个双向的8位并行输入/输出端口P0～P3。P0口为三态双向端口，是真正的双向端口，而P1～P3为准双向端口，作输入时，端口锁存器必须先写入"1"，然后方可读入。P0端口负载能力强，可驱动8个LSTTL，而P1～P3仅能驱动4个LSTTL。

　　P0～P3每个端口都具有输入/输出功能，可作为通用I/O端口使用。作为输出端口时数据可以锁存，作为输入端口时数据可以缓冲。4个端口的每一位都可以独立使用。

　　P0端口和P2端口可用于与外部存储器连接，P0端口作为数据/地址分时复用端口，先输出外部存储器的低8位地址A0～A7，存到外部地址锁存器中，而后传送数据信息。P2端口作为专用地址总线端口，输出外部存储器的高8位地址A8～A15。当P0端口用作数据/地址复用端口，P2端口作为扩展系统的地址总线端口时，它们都不能再作为通用I/O端口使用。

　　P3端口为双功能端口，除作为通用I/O端口外，还有第二功能，P3端口的第二功能定义如表9-3所示。应注意：当P3端口作为第二功能使用时，相应端口线锁存器必须先置为"1"状态，否则该位始终为"0"。

表9-3　　　　　　　　　　　　　P3端口的第二功能

端口引脚	第二功能	端口引脚	第二功能
P3.0	RxD（串行输入端口）	P3.4	T0（定时器0外部输入）
P3.1	TxD（串行输出端口）	P3.5	T1（定时器1外部输入）
P3.2	$\overline{INT0}$（外部中断0输入）	P3.6	$\overline{WR}$（外部数据存储器写入脉冲）
P3.3	$\overline{INT1}$（外部中断1输入）	P3.7	$\overline{RD}$（外部数据存储器读出脉冲）

第四节 定时/计数器

MCS-51 内部有两个可编程的 16 位定时/计数器 T0 和 T1，简称定时器。可用于产生定时信号（对片内时钟计数）。也可用于对外部事件计数，它们还可作为串行口的波特率发生器。

一、定时器 T0 和 T1 的组成

与定时器有关的几个特殊功能寄存器是 TH0、TL0、TH1、TL1、TMOD 和 TCON。定时器 T0 由 TL0、TH0 构成，定时器 T1 由 TL1、TH1 构成。通过初始化编程来写入 T0、T1 的计数初值。

1. 模式寄存器 TMOD

TMOD 控制定时器的工作方式，其各位功能定义如下：

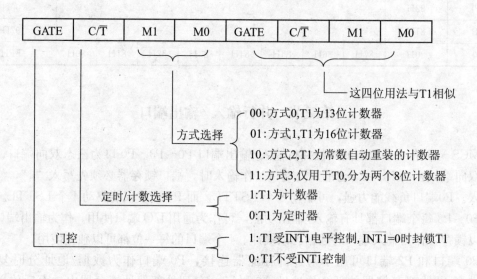

2. 控制寄存器 TCON

TCON 控制定时器 T0、T1 的启动和停止，其格式与各位功能定义如下：

D7	D6	D5	D4	D3	D2	D1	D0
TF1	TR1	TF0	TR0	IE1	IT1	IE0	IT0

TF1：定时器 T1 溢出中断请求位。当 T1 溢出时，由硬件置 TF1 为 1，并向 CPU 请求中断，当 CPU 响应时，由硬件请 TF1 为 0。TF1 也可由程序查询和清零。

TR1：定时器 T1 运行控制位。当 GATE＝0 时，若 TR1＝1，则启动 T1，若 TR1＝0，则停止 T1；当 GATE＝1 时，若 TR1＝1，且 $\overline{INT1}$＝1，则启动 T1，若 TR1＝0，则禁止 T1。

TF0：T0 溢出中断请求位，功能与 TF1 类似。

TR0：T0 运行控制位，功能与 TR1 类似。

TCOM 的低四位与外部中断有关，将在中断部分叙述。

二、定时/计数器的工作方式

MCS-51单片机的定时/计数器有4种工作方式，分别由 TMOD 寄存器中的 M1、M0 两位的二进制编码所决定。T0 有 0、1、2、3 四种工作方式，T1 只有 0、1、2 三种工作方式。

1. 方式 0

当 M1M0=00 时，设定为工作方式 0，构成 13 位的定时/计数器。在此工作方式下，定时/计数器构成一个 13 位的计数器，以 T1 为例，由 TH1 的 8 位和 TL1 的低 5 位组成 13 位计数器，TL1 的高 3 位未用，满计数值为 8192。T1 启动后立即加 1 计数，当 TL1 的低 5 位计数溢出时向 TH1 进位，TH1 计数溢出则对相应的溢出标志位 TF1 置位，以此作为定时器溢出中断标志。当单片机进入中断服务程序时，由内部硬件自动清除该标志。

当 TMOD 寄存器中的 $C/\overline{T}=0$ 时为定时方式，将振荡器 12 分频的信号作为计数脉冲；而当 $C/\overline{T}=1$ 时为计数方式，对外部脉冲输入引脚 T1 输入的脉冲进行计数。

计数脉冲能否加到计数器上，则由启动信号来控制。当 GATE=0 时，且 TR1=1，则 T1 启动；当 GATE=1 时，T1 的启动受到 TR1 与 $\overline{INT1}$ 信号的双重控制。

在此还需说明一下门控信号 GATE 的作用。在一般情况下，应使 GATE=0，这样，T1 的运行控制仅由 TR1 所决定，当 TR1=1 时启动，当 TR1=0 时关闭。只有在启动计数要由外部输入信号 $\overline{INT1}$ 控制时，才应使 GATE=1。这样，当 GATE=1，且 TR1=1 时，只有 $\overline{INT1}$ 引脚输入高电平，计数才被允许。利用 GATE 的这一功能，可以很方便地测量脉冲宽度。

T0 的方式 0 与 T1 类似。

2. 方式 1

当 M1M0=01 时，定时/计数器设定为工作方式 1，构成 16 位定时/计数器，以 T1 为例，TH1、TH0 分别作为 16 位定时/计数器的高 8 位和低 8 位，满计数值为 65536，其余同方式 0 类似。

3. 方式 2

当 M1M0=10 时，定时/计数器工作在方式 2，方式 2 可以自动重装计数初值，满计数值为 256。

在方式 0 和方式 1 中，当计数满后，若要进行下一次定时/计数，需用软件向 TH1 和 TL1 重新设置计数初值。在方式 2 中 TH1 和 TL1 被当作两个 8 位计数器，计数过程中，TH1 寄存 8 位初值并保持不变，由 TL1 进行 8 位计数。计数溢出时，除产生溢出中断请求外，还自动将 TH1 中的初值重新装到 TL1 中去。除此之外，方式 2 也同方式 0 类似。

4. 方式 3

只有定时器 T0 才能工作于方式 3。当定时器 T1 处于方式 3 时相当于 TR1=0，停止计数。当 T0 工作在方式 3 时，TH0 和 TL0 被拆成 2 个独立的 8 位计数器。这时，TL0 既可作为定时器使用，也可作为计数器使用，它占用了定时器 T0 所使用的控制位（$C/\overline{T}$、GATE、TR0、TF0），其功能和操作与方式 0 或方式 1 完全相同；而 TH0 只能作定时器用，并且占据了定时器 T1 的两个控制信号 TR1 和 TF1。在这种情况下，定时器 T1 虽仍可用于方式 0、1、2，但不能使用中断方式。通常是将定时器 T1 用作串行口的波特率发生器，由于已没有计数溢出标志位 TF1 可供使用，因此只能把计数溢出信号直接送给串行口。当作为波特率发生器使用时，只需设置好工作方式，便可自行运行。如要停止工作，只需送入

1个把它设置为方式3的方式控制字就可以了。由于定时器 T1 不能在方式3下使用，如果硬把它设置为方式3，就相当于停止工作。

三、定时/计数器应用举例

MCS-51 单片机的定时/计数器在使用之前必须进行初始化编程，编程时主要注意两点：

（1）正确写入控制字；

（2）正确写入计数初值。

一般情况下，初始化编程包括以下几个步骤：

（1）确定工作方式，即对 TMOD 寄存器进行赋值。

（2）计算计数初值，写入寄存器 TH0、TL0 或 TH1、TL1 中。

（3）根据需要，置位 ET1 或 ET0 允许 T1、T0 中断。

（4）置位 EA 使 CPU 开中断（需要时）。

（5）置位 TR1 或 TR0 启动计数。

计数初值的计算方法如下：

定时/计数器是以加1的方式计数。在定时方式下，设时间常数为 N，定时时间为 T，机器周期为 T_p，$T_p=12/$晶振频率

因为 $$T=N \times T_p$$

则时间常数为 $$N=T/T_p$$

应装入定时/计数器的初值 $M=2^n-N$（式中 n 为计数器的位数）。在计数方式下，设计数值为 N，则应装入的计数初值为 $M=2^n-N$（n 同上）。

【例9-1】 若单片机的晶振频率为 6MHz，要求定时/计数器 T0 产生 100ms 的定时，试确定计数初值以及 TMOD 寄存器的内容，编写初始化程序段。

解 当晶振频率为 6MHz 时，产生 100ms 的定时应采用方式1（16 位定时器）。

机器周期为 $$T_p=\frac{12}{晶振频率}=\frac{12}{6MHz}=2\mu s$$

时间常数为 $$N=T/T_p=\frac{100 \times 10^{-3}s}{2 \times 10^{-6}s}=5 \times 10^4$$

计数初值为 $$M=2^n-N=2^{16}-5 \times 10^4=65536-50000=15536=3CB0H$$

设置 TMOD 方式字：T0 工作于方式1，M1M0= 01；定时器方式，$C/\overline{T}=0$、GATE=0。

由于 T1 不用，可任意设置，现取为全 0，因此，TMOD 寄存器的内容为

$$TMOD=00000001 B=01H$$

初始化程序段为

```
       ...
MOV    TMOD, #01H
MOV    TH0, #3CH
MOV    TL0, #0B0H
SETB   EA
SETB   ET0
SETB   TR0
       ...
```

第五节 串 行 口

MCS-51串行口为一个可编程的全双工通信接口，可同时进行发送和接收。具有物理上相互独立的发送缓冲器和接收缓冲器SBUF。发送器只写不读，接收器只读不写，两个缓冲器合用一个地址（99H）。有两个特殊功能寄存器SCON和PCON，分别控制串行口的工作方式和波特率。

1. 串行口控制寄存器SCON

MCS-51串行口工作方式的设定、接收与发送控制以及工作状态标志的设置都是通过对串行口控制寄存SCON的编程确定。

串行口控制寄存器SCON的格式，各位的作用定义如下：

D7	D6	D5	D4	D3	D2	D1	D0
SM0	SM1	SM2	REN	TB8	RB8	TI	RI

SM0，SM1：串行口工作方式选择位。串行口工作方式选择如表9-4所示。

表9-4　　　　　　　　　　串行口工作方式选择

SM0	SM1	方式	功能	波特率
0	0	0	同步移位寄存器	$f_{osc}/12$
0	1	1	8位UART	可变
1	0	2	9位UART	$f_{osc}/64$或$f_{osc}/32$
1	1	3	9位UART	可变

SM2：多机通信控制位。在方式2或方式3中，若置SM2＝1，则只有在接收到第9位数据（RB8）为1时，RI被激活。在方式1中，若SM2＝1，则只有接收到有效的停止位时，才会激活RI。在方式0时，SM2应为0。

REN：允许接收位。由软件置位或请零，REN＝1时允许接收，REN＝0时禁止接收。

TB8：在方式2时和方式3时，为发送的第九位数据。根据需要由软件置位或复位。

RB8：在方式2时和方式3时，为发送的第九位数据；在方式1时，若SM2＝0，RB8是接收到的停止位；在方式0时，不使用RB8。

TI：发送中断标志。在方式0时，串行发送完第8位数据时，由硬件置位；在其他方式下，当开始发送停止位时，由硬件置位。必须由软件清零。

RI：接受中断标志。在方式0，接受完第8位数据时，由硬件置位；在其他方式下，当串行接受到停止位的中途时刻，RI由硬件置位。必须由软件请零。

2. 电源控制寄存器PCON的格式

电源控制寄存器PCON的格式如下：

D7	D6	D5	D4	D3	D2	D1	D0
SMOD	×	×	×	GF1	GF0	PD	IDL

SMOD：波特率加倍位。方式2的波特率＝$2^{SMOD}×$振荡器频率$/64$，方式1、3的波特率

$=2^{SMOD} \times T1$ 的溢出率/32。

GF1，GF0：PCON 的两个通用标志位，可由用户定义使用。

PD：掉电方式控制位。将 MCS-51 CMOS 单片机该位置'1'即进入掉电工作方式。

IDL：待机方式控制位。将 MCS-51 CMOS 单片机该位置'1'将进入待机工作方式。

第六节 中 断 系 统

一、中断源

MCS-51 只提供了 5 个中断源：外部中断请求 $\overline{INT0}$ 和 $\overline{INT1}$；片内定时/计数器 T0 和 T1 的溢出中断请求 TF0 和 TF1；串行端口中断请求 TI 或 RI（合为一个中断源）。

表 9-5　　　　　　　　　中断源及中断服务程序入口地址表

中断源	入口地址	同级内优先顺序
外部中断 0	0003H	最高
定时器 0	000BH	
外部中断 1	0013H	↓
定时器 1	001BH	
串行口	0023H	最低

MCS-51 单片机 5 个中断源的中断请求信号分别锁存在特殊功能寄存器 TCON 和 SCON 中，TCON，SCON 有关位定义如下：

D7	D6	D5	D4	D3	D2	D1	D0	
TF1		TF0		IE1	IT1	IE0	IT0	TCON：地址 88H

IT0：外部中断 0（$\overline{INT0}$）的中断触发方式位。

IT0=0 为边沿触发方式；

IT0=1 为电平触发方式。

IE0：外部中断 $\overline{INT0}$ 中断请求标志位。

IE0=1 $\overline{INT0}$ 发中断请求；

IE0=0 中断请求已被清除。

IT1：外部中断 1（$\overline{INT1}$）的中断触发方式位（与 IT0 类似）。

IE1：外部中断 $\overline{INT1}$ 的中断请求标志位（与 IE0 类似）。

TF0：定时器 T0 的溢出中断请求标志位。

TF0=1 T0 发中断请求；

TF0=0 定时器 T0 中断标志被清除。

TF1：定时器 T1 的溢出中断标志位（与 TF0 类似）。

D7	D6	D5	D4	D3	D2	D1	D0	
						TI	RI	SCON：地址 98H

RI：串行口接收中断标志，RI＝1：接收到一个字符，由硬件置1，向CPU发中断请求，转入中断服务程序后，应由程序清0。

TI：串行口发送中断标志，TI＝1：发送完一个字符，由硬件置1，向CPU发中断请求，转入中断服务程序后，应由程序清0。

二、中断允许寄存器

中断允许寄存器 IE 控制中断的开放与禁止，其格式如下：

D7	D6	D5	D4	D3	D2	D1	D0	
EA	×	ET2	ES	ET1	EX1	ET0	EX0	IE：地址 A8H

EA＝1，开放所有中断，相当于总开关。

EA＝0，禁止所有中断。

ET2，ES，ET1，EX1，ET0，EX0 为1时，分别允许定时器2（仅8052/32有），串行口，定时器1，外部中断1，定时器0和外部中断0中断；相当于分开关。

ET2，ES，ET1，EX1，ET0，EX0 为0时，分别禁止相应中断源中断。

三、中断优先级寄存器

中断优先级寄存器 IP 各位规定各中断源的优先级，其格式如下：

D7	D6	D5	D4	D3	D2	D1	D0	
×	×	PT2	PS	PT1	PX1	PT0	PX0	IP：地址 B8H

PT2，PS，PT1，PX1，PT0，PS0 分别为定时器2（仅8052/32有），串行口，定时器1，外部中断1，定时器0和外部中断0的优先级控制位。各位都可由软件置位和复位，某位为1时，则定义对应中断源为高优先级中断，为0时，定义为低优先级中断。

四、中断响应过程

MCS-51单片机响应中断后，只保护断点地址，而现场状态如 A、Rn、PSW 等寄存器内容不会自动保护。也不能清除串行口中断标志 TI 和 RI 及外部中断的电平触发信号。这些应在设计中断服务程序时予以考虑。

第七节　寻址方式和指令系统

一、寻址方式

指令通常由操作码和操作数组成，而操作数的两个重要参数为目的操作数和源操作数。它们给出参加运算的数或该数所在的单元地址。怎样获得这些操作数所在地址，就是寻址。MCS-51单片机有 7 种寻址方式：寄存器寻址、立即寻址、寄存器间接寻址、直接寻址、基址寄存器加变址寄存器间接寻址、相对寻址和位寻址。

1. 寄存器寻址

选定某寄存器，用来读取或存放操作数，以完成指令规定的操作，称为寄存器寻址。

例：MOV A, R0　　　　　　　　；(A) ← (R0)

2. 立即寻址

操作数直接放在指令中，它紧跟在操作码后面，作为指令的一部分与操作码一起存放在程序存储器内，可以立即得到并执行。称为立即寻址。该操作数称为立即数，并在其前冠以"＃"号作前缀，以表示是立即数。立即数可以是 8 位或 16 位，用十六进制表示。

例：MOV A，＃0FH　　　　　；(A)←0FH

立即寻址方式主要用来给寄存器或存储单元赋初值，并且只能用于源操作数，不能用于目的操作数。

3. 寄存器间接寻址

由指令指出某一个寄存器的内容作为操作数地址。这种寻址方法称为寄存器间接寻址，简称寄存器间址。这里要强调的是：寄存器的内容不是操作数本身，而是操作数地址。

寄存器间接寻址使用当前的工作寄存器组中的 R0 和 R1 作为地址指针（对堆栈操作时，使用堆栈指针 SP），来寻址片内数据存储器 RAM（00～FFH）的 256 个单元，但它不能访问特殊功能寄存器 SFR。寄存器间接寻址也适用于访问外部数据寄存器，此时，用 R0、R1 或 DPTR 作为地址指针。寄存器间接寻址用符号"@"指明。

例：MOV A，@R1　　　　　；(A)←((R1))

4. 直接寻址

指令中直接给出操作数所在的存储器地址，这种寻址方式称为直接寻址。

例：MOV A，40H　　　　　；(A)←(40H)

直接寻址可访问内部 RAM 的低 128 个单元（00H～7FH），同时也是访问高 128 个单元的特殊功能寄存器 SFR 的唯一方法。由于 SFR 占用片内 RAM 80H～FFH 间的地址，对于 MCS - 51 系列片内 RAM 只有 128 个单元，它与 SFR 的地址没有重叠；对于 MCS - 52 系列片内 RAM 有 256 个单元，其高 128 个单元与 SFR 的地址是重叠的。为避免混乱，单片机规定：直接寻址的指令不能访问片内 RAM 的高 128 个单元（80H～FFH）。若要访问这些单元只能用寄存器间接寻址指令，而要访问 SFR 只能用直接寻址的指令。另外，访问 SFR 可在指令中直接使用该寄存器的名字来代替地址。如：MOV A，80H。直接寻址还可直接访问片内 221 个位地址空间。

直接寻址访问程序存储器的有长转移 LJMP addr16 与 AJMPaddr11 指令，长调用 LCALL addr11 指令与绝对调用 ACALL addr11 指令，它们都直接给出了程序存储器的 16 位地址（寻址范围覆盖 64KB）或 11 位地址（覆盖 2KB）。执行这些指令后，程序计数器 PC 整个 16 位或低 11 位地址将更换为指令直接给出的地址，机器将改为访问以所给地址为起始地址的存储器区间，取指令（或取数），并依次执行。

5. 基址加变址寻址

基址寄存器加变址寄存器间接寻址，简称基址变址寻址。它以数据指针 DPTR 或程序计数器 PC 作为基址寄存器，累加器 A 作为变址寄存器，两者的内容相加形成 16 位的程序存储器地址，该地址就是操作数所在的地址。

例：MOVC A，@A＋DPTR　　　；(A)←((A)＋(DPTR))

这种寻址方式常用于访问程序存储器中的常数表。

6. 相对寻址

相对寻址是以当前程序计数器 PC 值加上指令规定的偏移量 rel，而构成实际操作数地址的寻址方法，它用于访问程序存储器，常出现在相对转移指令中。

在使用相对寻址时要注意以下两点：

（1）当前 PC 值是指相对转移指令所在地址（一般称为源地址）加上转移指令字节数。

（2）偏移量 rel 是有符号的单字节数，以补码表示，其相对值的范围是－128 ～ ＋127（即 00H～FFH），负数表示从当前地址向上转移，正数表示从当前地址向下转移。所以，相对转移指令满足条件后，转移的地址（一般称为目的地址）应为：

目的地址＝当前 PC 值＋rel＝源地址＋转移指令字节数＋rel

7. 位寻址

MCS-51 系列单片机具有位寻址功能，即指令中直接给出位地址，可以对内部数据存储器 RAM 中的 128 位和特殊寄存器 SFR 中的 93 位进行寻址，并且位操作指令可对地址空间的每一位进行传送及逻辑操作。

例：SETB　　PSW.3　　　　　　；（PSW.3）←1

综上所述，在 MCS-51 系列单片机的存储空间中，操作数或操作数所在的地址是由指令操作码和寻址方式确定的。7 种寻址方式如表 9-6 所示。

表 9-6　　　　　　　　　　7 种寻址方式及使用空间表

序号	寻址方式	使用的空间
1	寄存器寻址	R0～R7，A，B，CY，DPTR 寄存器
2	立即寻址	程序寄存器
3	寄存器间址	内部 RAM 的 00H～FFH，外部 RAM
4	直接寻址	内部 RAM 的 00H～7FH，SFR，程序存储器
5	变址寻址	程序存储器
6	相对寻址	程序存储器
7	位寻址	内部 RAM 中 20H～2FH 的 128 位，SFR 中的 93 位

二、指令系统

MCS-51 指令系统共有 33 种功能，111 条基本指令。按功能可分为 5 大类：数据传送指令、算术运算指令、逻辑运算指令、位操作指令和转移控制指令。

各类指令如表 9-7、表 9-8、表 9-9、表 9-10、表 9-11 所示。

表 9-7　　　　　　　　　　数据传送指令表

机器代码	助记符	功能	P	OV	AC	CY	字节	周期
E8～EF	MOV A，Rn	(Rn)→A	↕				1	1
E5	MOV A，direct	(direct)→A	↕				2	1
E6，E7	MOV A，@Ri	((Ri))→A	↕				1	1
74	MOV A，#data	data→A	↕				2	1
F8～FF	MOV Rn，A	(A)→Rn					1	1
A8～AF	MOV Rn，direct	(direct)→Rn					2	2
78～7F	MOV Rn，#data	data→Rn					2	1
F5	MOV direct，A	(A)→direct					2	1
88～8F	MOV direct，Rn	(Rn)→direct					2	1
85	MOV direct1，direct2	(direct2)→direct1					2	2

对标志影响 列标题跨 P、OV、AC、CY 四列。

续表

机器代码	助 记 符	功　　能	对标志影响				字节	周期
			P	OV	AC	CY		
86，87	MOV direct，@Ri	((Ri))→direct					3	2
75	MOV direct，♯data	data→direct					2	2
F6，F7	MOV @Ri，A	(A)→((Ri))					3	2
A6，A7	MOV @Ri，direct	(direct)→(Ri)					1	1
76，77	MOV @Ri，♯data	data→(Ri)					2	2
90	MOV DPTA，♯data16	data16→DPTR					2	1
93	MOVC A，@A+DPTR	((A)+(DPTR))→A	↕				3	2
83	MOVC A，@A+PC	((A)+(PC))→A	↕				1	2
E2，E3	MOVX A，@Ri	((Ri))→A	↕				1	2
E0	MOVX A，@DPTR	((DRTR))→A	↕				1	2
F2，F3	MOVX @Ri，A	(A)→(Ri)					1	2
F0	MOVX @DPTR，A	(A)→(DPTR)					1	2
C0	PUSH direct	(SP)+1→SP，(direct)→SP					2	2
D0	POP direct	((SP))→direct，(SP)−1→SP					2	2
C3，CF	XCH A，Rn	(A)◄──►(Rn)	↕				1	1
C5	XCH A，direct	(A)◄──►(direct)	↕				2	1
C6，C7	XCH A，@Ri	(A)◄──►((Ri))	↕				1	1
D6，D7	XCHD A，@Ri	(A)0～3◄──►((Ri))0～3	↕				1	1

表 9－8　　　　　　　　**算术运算指令表**

机器代码	助 记 符	功　　能	对标志影响				字节	周期
			P	OV	AC	CY		
28～2F	ADD A，Rn	(A)+(Rn)→A	↕	↕	↕	↕	1	1
25	ADD A，direct	(A)+(direct)→A	↕	↕	↕	↕	2	1
26，27	ADD A，@Ri	(A)+((Ri))→A	↕	↕	↕	↕	1	1
24	ADD A，♯data	(A)+data→A	↕	↕	↕	↕	2	1
38～3F	ADDC A，Rn	(A)+(Rn)+CY→A	↕	↕	↕	↕	1	1
35	ADDC A，direct	(A)+(direct)+CY→A	↕	↕	↕	↕	2	1
36，37	ADDC A，@Ri	(A)+((Ri))+CY→A	↕	↕	↕	↕	1	1
98～9F	SUBB A，Rn	(A)−(Rn)−CY→A	↕	↕	↕	↕	1	1
95	SUBB A，direct	(A)−(direct)−CY→A	↕	↕	↕	↕	2	1
96，97	SUBB A，@Ri	(A)−((Ri))−CY→A	↕	↕	↕	↕	1	1
94	SUBB A，♯data	(A)−data−CY→A	↕	↕	↕	↕	2	1
04	INC A	(A)+1→A	↕				1	1
08～0F	INC Rn	(Rn)+1→Rn					1	1
05	INC direct	(direct)+1→direct					2	1
06～07	INC @Ri	((Ri))+1→(Ri)					1	1

续表

机器代码	助记符	功能	P	OV	AC	CY	字节	周期
			对标志影响					
A3	INC DPTR	(DPTR)+1→DPTR					1	2
14	DEC A	(A)−1→A	↕				1	1
18~1F	DEC Rn	(Rn)−1→Rn					1	1
15	DEC direct	(direct)−1→direct					2	1
16~17	DEC @Ri	((Ri))−1→(Ri)					1	1
A4	MUL AB	(A)·(B)→AB	↕	↕		↕	1	4
84	DIV AB	(A)/(B)→AB	↕	↕		↕	1	4
D4	DA A	对A进行十进制调整	↕	↕	↕	↕	1	1

表9-9　　　　　　　　　　　　　**逻辑运算指令表**

机器代码	助记符	功能	P	OV	AC	CY	字节	周期
			对标志影响					
58~5F	ANL A, Rn	(A)∧(Rn)→A	↕				1	1
55	ANL A, direct	(A)∧(direct)→A	↕				2	1
56, 57	ANL A, @Ri	(A)∧((Ri))→A	↕				1	1
54	ANL A, #data	(A)∧data→A	↕				2	1
52	ANL direct, A	(direct)∧(A)→direct					2	1
53	ANL direct, #data	(direct)∧data→direct					3	2
48, 4F	ORL A, Rn	(A)∨(Rn)→A	↕				3	2
45	ORL A, direct	(A)∨(direct)→A	↕				1	1
46, 47	ORL A, @Ri	(A)∨((Ri))→A	↕				2	1
44	ORL A, #data	(A)∨data→A	↕				1	1
42	ORL direct, A	(direct)∨(A)→direct					2	1
43	ORL direct, #data	(direct)∨data→direct					2	1
68~6F	XRL A, Rn	(A)⊕(Rn)→A	↕				3	2
65	XRL A, direct	(A)⊕(direct)→A	↕				1	1
66, 67	XRL A, @Ri	(A)⊕((Ri))→A	↕				2	1
64	XRL A, #data	(A)⊕data→A	↕				1	1
62	XRL direct, A	(direct)⊕(A)→direct					2	1
63	XRL direct, #data	(direct)⊕data→direct					2	1
E4	CLR A	0→A	↕				3	2
F4	CPL A	($\overline{A}$)→A					1	1
23	RL A	A循环左移一位					1	1
33	RLC A	A带进位循环左移一位	↕			↕	1	1
03	RR A	A循环右移一位					1	1
13	RRC A	A带进位循环右移一位	↕			↕	1	1
C4	SWAP A	A半字节交换					1	1

表 9 - 10 位操作指令表

机器代码	助 记 符	功 能	对标志影响				标志	周期
			P	OV	AC	CY		
C3	CLR C	0→CY				↕	1	1
C2	CLR bit	0→bit					2	1
D3	SETB C	1→CY				↕	1	1
D2	SETB bit	1→bit					2	1
B3	CPL C	$\overline{CY}$→CY				↕	1	1
B2	CPL bit	$(\overline{bit})$→bit					2	1
82	ANL C，bit	(CY)∧(bit)→CY				↕	2	2
B0	ANL C，/bit	(CY)∧$(\overline{bit})$→CY				↕	2	2
72	ORL C，bit	(CY)∨(bit)→CY				↕	2	2
A0	ORL C，/bit	(CY)∨$(\overline{bit})$→CY				↕	2	2
A2	MOV C，bit	(bit)→CY				↕	2	1
92	MOV bit，C	CY→bit					2	2

表 9 - 11 控制转移指令表

机器代码	助 记 符	功 能	对标志影响				字节	周期
			P	OV	AC	CY		
* 1	ACALL addr11	(PC)+2→PC，(SP)+1→SP， (PCL)→(SP)，(SP)+1→SP， (PCH)→SP，addr11→PC10~0					2	2
12	LCALL Addr16	(PC)+2→PC，(SP)+1→SP， (PCL)→SP，(SP)+1→SP， (PCH)→SP，addr16→PC					3	2
22	RET	((SP))→PCH，(SP)-1→SP， ((SP))→PCL，(SP)-1→SP					1	2
32	RETI	((SP))→PCH，(SP)-1→SP ((SP))→PCL，(SP)-1→SP 从中断返回					1	2
* 1	AJMP Addr11	Addr11→PC10~0					2	2
02	LJMP Addr16	Addr16→PC					3	2
80	SJMP rel	(PC)+(rel)→PC					2	2
73	JMP @A+DPTR	(A)+(DPTR)→PC					1	2
60	JZ rel	(PC)+2→PC， 若(A)=0，(PC)+(rel)→PC					2	2
70	JNZ rel	(PC)+2→PC，若 A 不等于零， 则(PC)+(rel)→PC					2	2
40	JC rel	(PC)+2→PC，若 CY=1， 则(PC)+(rel)→PC					2	2
50	JNC rel	(PC)+2→PC，若 CY=0， 则(PC)+(rel)→PC					2	2

续表

机器代码	助 记 符	功 能	对标志影响				字节	周期
			P	OV	AC	CY		
20	JB bit，rel	(PC)+3→PC，若(bit)=1，则(PC)+(rel)→PC					3	2
30	JNB bit，rel	(PC)+3→PC，若(bit)=0，则(PC)+(rel)→PC					3	2
10	JBC bit，rel	(PC)+3→PC，若(bit)=1，则 0→bit，(PC)+rel→PC					3	2
B5	CJNE A，direct，rel	(PC)+3→PC，若(A)不等于(direct)，则(PC)+rel→PC，若(A)<(direct)，则 1→CY					3	2
B4	CJNE A，♯data，rel	(PC)+3→PC 若(A)不等于 data，则(PC)+rel→PC 若(A) 小于 data，则 1→CY					3	2
B8~BF	CJNE Rn，♯data，rel	(PC)+3→PC 若(Rn)不等于 data，则(PC)+rel→PC 若(Rn)小于 data，则 1→CY					3	2
B6，B7	CJNE @ Ri，♯ data，rel	(PC)+3→PC 若((Ri)) 不等于 data，则(PC)+rel→PC 若((Ri)) 小于 data，则 1→CY					3	2
D8~DF	DJNZ Rn，rel	(PC)+2→PC，(Rn)-1→Rn 若 (Rn) 不等于 0，则(PC)+rel→PC					2	2
D5	DJNZ direct，rel	(PC)+3→PC，(direct)-1→direct 若 (direct) 不等于 0，则(PC)+rel→PC					3	2
00	NOP	空操作					1	1

*1：ACALL、AJMP 指令的机器代码与转移的地址有关。

注 表中所用符号和含义如下：

addrll	页面地址
bit	位地址
rel	相对偏移量，为八位有符号数（补码形式）
direct	直接地址单元（RAM、SFR、I/O）
(direct)	直接地址指出的单元内容
♯data	立即数
Rn	工作寄存器 R0~R7
(Rn)	工作寄存器的内容
A	累加器
(A)	累加器的内容
Ri	i=0 或 1 数据指针 R0 或 R1
(Ri)	R0 或 R1 的内容
((Ri))	R0 或 R1 指出的单元内容
X	某一个寄存器
(X)	某一个寄存器的内容
((X))	某一个寄存器指出的单元内容
→	数据传送方向
∧	逻辑与
∨	逻辑或
⊕	逻辑异或
↕	对标志产生影响

第八节　AT89C51、AT89C2051、AT89S51 单片机

ATMEL 公司的 AT89C51、AT89C2051、AT89S51 单片机是以 8051/52 为内核，并与 ATMEL 公司独有的 Flash 技术结合在一起而生产出来的 8 位系列单片机。AT89C51、AT89C2051、AT89S51 是性价比很高的 8 位 CMOS 单片机，它除了具有与 MCS-51 完全兼容的若干特性外，最为突出的优点就是片内集成了 4K 字节 Flash PEROM（Programmable Erasable Read Only Memory），可用来存放应用程序，这个 Flash 程序存储器除允许用一般的编程器离线编程外，还允许在应用系统中实现在线编程，并且还有对程序进行三级加密保护的加密锁功能。AT89C51、AT89C2051、AT89S51 的另一个特点是工作速度更高，其中 AT89C51、AT89C2051 的晶振频率可高达 24MHz，一个机器周期仅 500ns，比 MCS-51 快了一倍。AT89S51 的晶振频率更可高达 33MHz。

一、AT89C51 单片机

1. AT89C51 主要特性

AT89C51 单片机与 MCS-51 单片机兼容，含 80C51 核。

（1）片内有 4KB 可重新编程的 Flash 程序存储器，可擦/写 1000 次以上。

（2）全静态逻辑，工作频率范围：0～24MHz。

（3）三级程序存储器加密。

（4）128 字节片内 RAM。

（5）32 个可编程 I/O 端子。

（6）低功耗的休闲和掉电工作方式。

（7）两个 16 位定时/计数器。

（8）5 个中断矢量，允许 6 个中断源。

（9）一个全双工串行口。

（10）指令集和引脚布置均与工业标准 80C51 一致。

2. 比 MCS-51 增加的引脚功能

AT89C51 引脚布置和定义与 MCS-51 完全兼容，但由于它具有片内 Flash 程序存储器，一些引脚在编程时能提供专门的用途。

（1）P0 口在编程时接受程序代码，校验时输出程序代码。校验时要求将 P0 口由外部电路上拉（尽管所有的 I/O 端口都具有内置上拉电路）。

（2）P1 口在编程期间由内部多路开关切换到地址总线，接受编程器送来的低 8 位地址信息。

（3）P2 口在编程期间接受编程器送来的高 4 位地址信息，同时，P2 口的另两个引脚（P2.6，P2.7）还接受编程与校验的有关控制信息。

（4）P3 口除具有与 MCS-51 相同的双功能外，在编程与校验期间，P3.6 和 P3.7 两条口线还接受有关的控制信息。

（5）ALE/$\overline{\text{PROG}}$ 端平时输出地址锁存允许（ALE）脉冲，在编程期间还作为编程脉冲输入端，参与控制对 Flash 存储器的读、写、加密、擦除等操作。一般情况下，ALE 端输出频率为 $f_{osc}/6$ 的脉冲（f_{osc}：晶体振荡频率），可作为一个要求并不很严格的时钟源去控制其他芯

片或设备。该（ALE）脉冲串仅在每次外部数据存储器存取周期有一个 ALE 周期被跳过。如果需要，AT89C51 的 ALE 脉冲输出可以被禁止，只要对特殊功能寄存器区域 8EH 单元的 bit 0 写入 1 就禁止了 ALE，这时，仅当单片机处于 MOVX 或 MOVC 指令周期时 ALE 才生效，否则该引脚呈现弱上拉逻辑状态。如果 AT89C51 构成的系统使用外部程序存储器，即处于外部程序执行模式，对 8EH 的 bit 0 置 1 将是无效的，不会对系统的正常工作产生影响。

（6）$\overline{EA}$/Vpp 端在寻址片内 4KB Flash 程序存储器（000H～FFFH）时，必须连到 Vcc。如果将此端连到 GND 端，将迫使单片机寻址外部 000H～FFFH 范围的程序存储器。如果加密位被编程了，AT89C51 的 CPU 将对 $\overline{EA}$ 的状态进行采样并锁存，$\overline{EA}$ 的状态不得与实际使用的内部或外部程序存储器的状态发生矛盾。对那些需要 12V 编程电压的器件，编程时这个端子还要接到 12V 编程使能电压（Vpp）上去。

3. Flash 程序存储器加密功能

AT89C51 内部有 3 个程序加密位（LB1，LB2，LB3）可实现 4 种程序保护模式，表 9-12 列出了加密位对程序的保护功能。器件一经加密，只有进行整体擦除时方可清除加密位。

表 9-12　　　　　　　　　　　**AT89C51 的程序保护模式**

模　式	LB1	LB2	LB3	保　护　类　型
1	U	U	U	程序未被加密保护
2	P	U	U	禁止从外部程序存储器中执行 MOVC 类指令读取内部程序存储器的内容，此外，复位时 $\overline{EA}$ 被锁定，禁止再编程
3	P	P	U	除与模式 2 相同外，还禁止程序读出校验
4	P	P	P	除与模式 3 相同外，还禁止执行外部程序

注　表中的 U：表示未编程，P：表示编程。

4. 低功耗工作方式

（1）空闲方式（Idle Mode）。编程使特殊功能寄存器 PCON（地址：87H）的第 0 位 PCON. 0＝1 时，AT89C51 即进入空闲状态，此后，内部时钟不再控制 CPU，但中断、定时器和串行口等其他外围设备仍保持工作状态。片内 RAM 与全部 SFR 将保持原有数据和状态不变，I/O 口各引脚保持与相应 SFR 一致的逻辑状态。

任何一种中断申请或硬件复位都可以使之退出空闲状态，若由中断引起退出空闲状态后，CPU 首先执行中断服务程序，由 RETI 返回后执行的指令将是进入空闲状态的操作指令（即对 PCON. 0 置 1 操作）之后的那条指令。

若由硬件复位引起退出空闲状态时，程序将首先从它进入空闲状态处之后的指令开始执行，经过两个机器周期之后，内部的复位算法才会生效。在此期间，硬件禁止访问内部 RAM，但可以访问端口引脚。为了防止此时对端口引脚意外写入的可能性，在生成空闲方式的指令后不应紧跟对端口引脚的写指令。内部复位算法生效后，程序将从 0000H 开始执行，所有的 SFR 进入复位初始状态，其中也包括将 PCON. 0（即 IDL 控制位）清零，结束空闲方式。

（2）掉电方式（Power Down）。编程使特殊功能寄存器 PCON（地址：87H）的第 1 位 PCON. 1＝1 时，AT89C51 即进入掉电状态，设置掉电方式的指令就成为单片机执行的最后一条指令。此后，片内振荡器停振。由于时钟冻结，全部操作将停止，但片内 RAM 和 SPR

内容不变，I/O 口各引脚输出相应的 SFR 所保持的值。退出掉电工作方式的唯一方法是硬件复位。复位将重新给所有 SFR 赋初值，但不改变片内 RAM 的内容。

5. 闪速存储器（Flash）的编程

ATMEL AT89C51 单片机有 4KB 的 Flash 存储阵列可以用于存放程序代码和常数。当其已处于擦除状态（所有单元的内容为 FFH，即该存储阵列为空）时，即可对其编程。否则当存储阵列中有任何非空单元，编程前必须对整片进行擦除。AT89C51 单片机有两种编程电压：5V 和 12V。分别用于两类芯片的编程，编程电压以标识码的方式在芯片内标注，每类芯片有 3 个字节的标识码分别存放在地址为 030H～032H 的单元中，其中：

(030H)＝1EH 表示芯片是 ATMEL 公司产品；

(031H)＝51H 表示该芯片是 AT89C51；

(032H)＝05H 表示该芯片编程电压是：Vpp＝5V；

(032H)＝FFH 表示该芯片编程电压是：Vpp＝12V。

有的芯片也用印在表面的标识来标注编程电压。

如：芯片表面印有：

　　　　　AT89C51

　　　　　××××

　　　　　YYWW　　　表示该芯片编程电压是：Vpp＝12V

芯片表面印有：

　　　　　AT89C51

　　　　　××××—5

　　　　　YYWW　　　表示该芯片编程电压是：Vpp＝5V

编程时需要一组控制信号组合，其时序如表 9 - 13 所示。

表 9 - 13　　　　　　　　　　AT89C51 的编程控制信号组合表

操作模式		RST	ALE/PROG	EA/Vpp	P2.6	P2.7	P3.6	P3.7
写代码数据		H	⊓	H/12V*	L	H	H	H
读代码数据		H	H	H	L	L	H	H
加密位编程	LB1	H	⊓	H/12V*	H	H	H	H
	LB2	H	⊓	H/12V*	H	H	L	L
	LB3	H	⊓	H/12V*	H	L	H	L
芯片整体擦除		H	⊔**	H/12V*	L	L	L	L
读出标识字节		H	H	H	L	L	L	L

注　* 对标识码（032H）＝05H 的芯片，EA/Vpp 端的编程电压为逻辑高电平。
　　　对标识码（032H）＝FFH 的芯片，EA/Vpp 端的编程电压为 12V。
　　** 芯片擦除要求对 PROG 端输入一个宽度为 10ms 的负脉冲。

如果用户购买现成的编程器来直接对芯片进行编程，那么只要按照编程器的说明书所要求的步骤正确进行操作就行了，不必自己去设计编程电路和控制信号。否则可用下述电路和步骤来完成对芯片的编程。

闪速存储器的编程电路如图 9 - 5 所示。

闪速存储器的读出校验电路如图 9 - 6 所示。

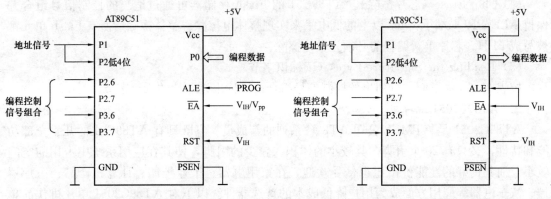

图 9-5　闪速存储器编程电路　　　　图 9-6　闪速存储器读出校验电路

其中编程控制信号组合必须符合表 9-13 所示的逻辑关系。

对 ATMEL AT89C51 系列单片机片内 Flash 存储器的编程是逐个字节进行的，实际编程步骤如下：

（1）从地址线送出要编程单元的地址信息（地址范围：0000H～0FFFH）。

（2）从数据线送出待写入的数据字节。

（3）令相应的控制信号组合（如表 9-13 所示）有效。

（4）将 $\overline{EA}/V_{PP}$ 端的电压连接至 12V 或保持为 5V 逻辑高电平（根据芯片的编程电压来确定，见表 9-9 注*项）。

（5）从 ALE/$\overline{PROG}$ 端送入一个负脉冲，就完成一个字节的写入。对加密位的写入是每次写一个位。字节写入定时由器件内部自动控制，典型写入时间不超过 1.5ms。

完成一个字节的写入后，改变待写入的数据和地址，指向下一个待要编程的地址单元，并重复步骤（1）～（5）就可以将整个程序写入 Flash 存储器。

实际上一般用户大多是去购买现成的编程器来直接对芯片进行编程，这时只要按照编程器的说明书所要求的步骤正确进行操作就行了。应当注意，一旦芯片被编程以后，对任何一个非空白字节单元进行编程均被禁止，除非对器件实施整体擦除，使字节存储单元全变为 FFH 以后，才可进行新的一轮编程。

AT89C51 对编程操作还提供如下几种特性：

（1）$\overline{Data\ Polling}$（数据查询）。AT89C51 通过 Data Polling 来指示一个写周期的结束。如果在一个正在进行的写周期中企图读出最后写入的那个字节，将会在 P0.7 口出现所写数据的反码，一旦写周期完成，正确的数据才会出现在 P0 口，下一个写周期才可以开始。$\overline{Data\ Polling}$ 可能出现在某个写周期结束以后的任何时间。

（2）Ready/$\overline{Busy}$（就绪/忙）。字节编程的过程也可以从 Ready/$\overline{Busy}$ 输出信号观察到。编程期间，在 ALE 由低电平跳变到高电平以后，P3.4 被拉低，这表明正处于"忙"状态（即正在写），当 P3.4 口线再次回复为高电平时，表明该字节已经写入就绪了，可以开始下一个写周期了。这为编程器提供了一个可查询状态的信号。

（3）Program Verify（程序校验）。在加密位 LB1 和 LB2 尚未都被编程的情况下，程序代码可以按地址从数据口（P0 口）读出。加密位不可以在程序校验方式中直接读出，只可以从它们仍然允许的那些特性间接地知道。

（4）Chip Erase（芯片擦除）。AT89C51 的 Flash 存储器可通过适当的控制信号组合并保持 ALE/$\overline{\text{PROG}}$端子 10ms 以上的低电平来实现整体电擦除。整体擦除后所有 Flash 单元都被写成 FFH。芯片重新编程前必须先整体擦除。

（5）Reading the Signature Bytes（读标识字节）。

按表 9 - 13 最下面一行列出的控制信号组合可以读出该芯片的标识字节。

二、AT89C2051 单片机

AT89C2051 是 ATMEL 公司 AT89C 系列的新成员。它既具有 AT89C51 的几乎全部功能和特性，又只有 20 个引脚。其较小的体积、较少的引脚，使其在应用系统中占用的空间较小。而其良好的性能价格比也倍受欢迎，在家用电器、工业控制、计算机产品、医疗器械、汽车电器等应用方面成为用户降低成本的首选器件。以下对 AT89C2051 单片机作简单介绍。

1. AT89C2051 主要性能

AT89C2051 是 ATMEL 公司生产的带 2K 字节的可编程可擦除的 Flash 只读存储器（PEROM）的 8 位单片机，它具有如下主要特性：

（1）与 MCS - 51 兼容，含 80C51 核；

（2）片内有 2KB 可重复编程 Flash 存储器，可擦/写 1000 次以上，其数据可保存 10 年；

（3）工作电压范围宽，为 2.7V～6V；

（4）全静态逻辑，工作频率为 0Hz～24MHz；

（5）两级程序存储器加密；

（6）128×8 位内部 RAM；

（7）15 条可编程 I/O 线；

（8）2 个 16 位定时器/计数器；

（9）5 个两级中断源；

（10）1 个可编程全双工串行口；

（11）具有直接驱动 LED 发光的驱动能力；

（12）片内有高精度的模拟量比较器；

（13）低功耗的空闲和掉电模式。

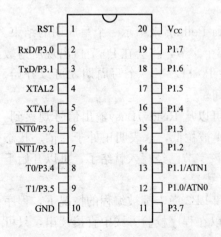

图 9 - 7　AT89C2051 的引脚配置

2. AT89C2051 的引脚配置

AT89C2051 是一个有 20 个引脚的芯片，引脚配置如图 9 - 7 所示。

与 8051 相比，AT89C2051 减少了两个对外端口（即 P0、P2 端口），使它最大可能地减少了对外引脚，因而芯片尺寸有所减小。

AT89C2051 芯片的 20 个引脚功能如下：

VCC：电源电压。

GND：接地。

RST：复位输入。当 RST 变为高电平并保持 2 个机器周期时，所有 I/O 引脚复位至"1"。

XTAL1：反向振荡放大器的输入及内部时钟工

作电路的输入。

XTAL2：来自反向振荡放大器的输出。

P1 口：8 位双向 I/O 口。引脚 P1.2～P1.7 提供内部上拉电阻，当作为输入并被外部下拉为低电平时，它们将输出电流（I_{IL}），这是因内部上拉的缘故。P1.0 和 P1.1 需要外部上拉电阻，可用作片内高精度模拟比较器的正向输入（AIN0）和反向输入（AIN1）。P1 口输出缓冲器能接收 20mA 电流，并能直接驱动 LED 显示器，P1 口引脚写入"1"后，可用作输入。在 Flash 编程和编程校验期间，P1 口也可接收编码数据。

P3 口：引脚 P3.0～P3.5 与 P3.7 为 7 个带内部上拉电阻的双向 I/O 引脚。P3.6 在内部已与片内比较器输出相连，不能作为通用 I/O 引脚访问。P3 口的输出缓冲器能接收 20mA 电流；P3 口写入"1"后，内部上拉，可用作输入。P3 口也可用作特殊功能口，其功能与 8031、AT89C51 的 P3 口功能相同。P3 同时也可为 Flash 存储器编程和编程校验接收控制信号。

从上述引脚说明可看出，AT89C2051 没有提供外部扩展存储器与 I/O 设备所需的地址、数据和控制信号，因此利用 AT89C2051 构成的单片机应用系统不能在 AT89C2051 之外扩展存储器或 I/O 设备，AT89C2051 本身就构成了最小单片机系统。

3. 特殊功能寄存器（SFR）

AT89C2051 由于不具有 P0 口和 P2 口，因此与 AT89C51 的 21 个 SFR 相比，只有 19 个特殊功能寄存器。其功能与 8051 的 SFR 功能相对应。

4. 标识码字节

AT89C2051 提供了两个标识码，对应片内地址 000H 和 001H，可读出如下标识码：

　　（000H）＝1EH　　表明该器件系 ATMEL 公司制造。

　　（001H）＝21H　　表明该器件型号为 AT89C2051。

AT89C2051 只有 12V 编程电压的产品，因此器件出厂时没有在芯片中驻留标志其编程电压类型的标识码。

5. 片内 RAM 与 Flash PEROM

AT89C2051 片内 RAM 为 128 字节（与 AT89C51 相同），片内 Flash PEROM 为 2K 字节，可寻址范围为 000H～7FFH。

6. 程序存储器的加密

AT89C2051 内部有 2 个程序加密位（LB1，LB2）可实现 3 种程序保护模式，表 9-14 列出了加密位对程序的保护功能。器件一经加密，只有进行整体擦除时方可清除加密位。

表 9-14　　　　　　　　　　　　　**AT89C2051 的程序保护模式**

模式	LB1	LB2	保 护 类 型
1	U	U	程序未被加密保护
2	P	U	禁止对 Flash 存储器进一步编程
3	P	P	除与模式 2 相同外，还禁止程序读出校验

注　表中的 U：表示未编程；P：表示编程。

7. 低功耗工作方式

AT89C2051 有两种低功耗工作方式：空闲方式与掉电方式，其使用方法及特性均与

AT89C51一样。但由于AT89C2051的P1.0/AIN0和P1.1/AIN1两个端子没有内部上拉电阻，在进入低功耗工作方式之前，这两个端子如果外部没有接上拉电阻，则应当对其置"0"，如果外部接有上拉电阻，则应置"1"。

8. Flash存储器的编程

一片新的AT89C2051，其片内2KB的PEROM存储阵列处于擦除状态（即全部存储单元为FFH），此时可对其编程。存储阵列一次编程1字节，若编程前有任何非空字节时，则需对整个存储阵列先进行片擦除才能对其编程。

如果用户购买现成的编程器来直接对芯片进行编程，那么只要按照编程器的说明书所要求的步骤正确进行操作就行了，不必自己去设计编程电路和控制信号。否则可用下述电路和步骤来完成对芯片的编程。

由于AT89C2051不能寻址外部数据总线和地址总线，它片内的Flash存储器的编程/校验就与AT89C51不同。在编程与校验期间，可以用P1口作为与外部的数据总线沟通的通道。但是AT89C2051没有外部地址通道，使编程/校验电路或编程器的地址线无法与之连接，为了解决从外面对它寻址的问题，AT89C2051采取由多种控制信号组合加上在时钟电路的XTAL1端逐个送入脉冲的方法使片内程序计数器（地址增1电路）能实现逐个单元的寻址，从而实现对Flash存储器的编程和读出。

编程时，AT89C2051利用内部PEROM地址计数器提供寻址存储阵列的地址信号，该地址计数器在RST上升沿复位至000H，引脚XTAL1所施加的正向连续脉冲使地址计数器不断加1。RST上出现12V编程电压时，预示1字节的编程操作开始，这时P3口提供编程所需的控制（P3.2～P3.7）与状态信号（P3.1），P1口为数据通道，如图9-8所示。

先将数据送至P1口，再对这些引脚按表9-15的时序施加正确的控制组合就可将数据编程到PEROM中。

读出校验时，电路如图9-9所示。

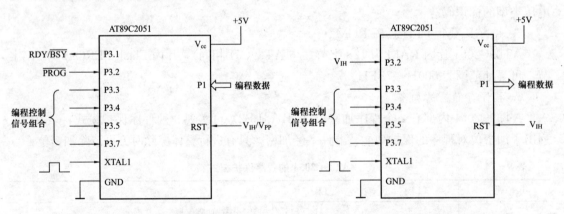

图9-8　闪速存储器编程电路　　　　　图9-9　闪速存储器读出校验电路

先利用RST上升沿将地址计数器复位至000H，从P1口读出数据与编程写入的数据比较，给XTAL1加一个正脉冲使地址计数器加1，指向下一地址，从P1口读出数据与编程写入的数据比较，如此重复进行直至所有数据校验完毕。

AT89C2051根据引脚RST与P3.2～P3.7的状态组合可以产生5种编程模式，见表9-15。

表9-15　　　　　　　　　　**AT89C2051的编程控制信号组合表**

操作模式		RST	P3.2/$\overline{\text{PROG}}$	P3.3	P3.4	P3.5	P3.7
写代码数据		12V	⊓⊔	L	H	H	H
读代码数据		H	H	L	L	H	H
加密位编程	LB1	12V	⊓⊔	H	H	H	L
	LB2	12V	⊓⊔	H	H	L	H
芯片整体擦除		12V	⊓⊔	H	L	L	L
读出标识字节		H	H	L	L	L	L

表9-15中所列对芯片整体擦除需要大于10ms的$\overline{\text{PROG}}$脉冲。

写周期期间，P3.1被拉低以指示忙；被拉高表明该字节已写入就绪。

三、AT89S51单片机

AT89S51是美国ATMEL公司生产的低功耗、高性能CMOS 8位单片机，片内含4K字节的可系统编程的Flash只读程序存储器，器件采用ATMEL公司的高密度、非易失性存储技术生产，兼容标准8051的指令系统及引脚配置。它集Flash程序存储器既可在线编程（ISP）也可用传统方法进行编程及通用8位微处理器于单片芯片中。AT89S51单片机既保留了AT89C51的所有功能，还增加了看门狗（WDT）和双数据指针寄存器等新的功能。看门狗能提高系统的抗干扰能力和系统运行的可靠性，这点对其应用于工业控制领域极其重要。因此其高性能、低价位很自然地成为AT89C51的替代产品。

AT89S51单片机主要性能参数如下：

（1）与MCS-51产品指令系统完全兼容。

（2）4K字节在系统编程（ISP）Flash闪速存储器。

（3）1000次擦写周期。

（4）4.0～5.5V的工作电压范围。

（5）全静态工作模式：0Hz～33MHz。

（6）三级程序加密方式。

（7）128字节内部RAM。

（8）32个可编程I/O口线。

（9）2个16位定时/计数器。

（10）5向量两级中断。

（11）全双工串行UART通道。

（12）低功耗空闲和掉电模式，中断可从空闲模式唤醒系统。

（13）看门狗（WDT）及双数据指针。

（14）掉电标识和快速编程特性。

（15）灵活的在系统编程（ISP-字节或页写模式）。

由于AT89S51单片机与AT89C51在指令系统及引脚配置上完全兼容，所以应用在AT89C51单片机的程序设计和接口设计方法都可以用于AT89S51单片机，因此下面仅就AT89S51新增加的功能作简单的介绍。

1. AUXR 辅助寄存器

AUXR 辅助寄存器规定了 ALE 引脚、复位引脚和看门狗（WDT）的工作方式。

AUXR 的地址：8EH。

复位状态：×××0 0××0 B

D7	D6	D5	D4	D3	D2	D1	D0
—	—	—	WDIDLE	DISRTO	—	—	DISALE

—：保留为将来扩展用途位

DISALE：ALE 禁止/使能位。

    DISALE=0，ALE 输出 1/6 振荡时钟频率脉冲。

    DISALE=1，ALE 仅在执行 MOVX 或 MOVC 指令期间输出脉冲。

DISRTO：禁止/使能复位输出。

    DSRTO=0，复位引脚在 WDT 溢出时变高。

    DSRTO=1，复位引脚仅作为输入。

WDIDLE：禁止/使能 IDLE 模式的 WDT。

    WDIDLE=0，IDLE（空闲）模式 WDT 继续计数。

    WDIDLE=1，IDLE（空闲）模式 WDT 停止计数。

2. 双数据指针寄存器

为更方便地访问内部和外部数据存储器，AT89S51 单片机提供了两个 16 位数据指针寄存器（相当于 89C51 的 DPTR 寄存器）。

DP0 的地址：82H、83H（位于 SFR 特殊功能寄存器区块中）。

DP1 的地址：84H、85H（位于 SFR 特殊功能寄存器区块中）。

DP0、DP1 的复位状态均为全 0。

选择使用哪个数据指针寄存器由 AUXR1 辅助寄存器来设定。

AUXR1 辅助寄存器：

地址：A2H

复位状态：×××× ×××0 B

D7	D6	D5	D4	D3	D2	D1	D0
—	—	—	—	—	—	—	DPS

—：保留为将来扩展用途位。

DPS：数据指针选择位。DPS=0，选择 DP0；DPS=1，选择 DP1。

用户应在访问相应的数据指针寄存器前初始化 DPS 位。

3. 看门狗定时器（WDT）

WDT 是为了解决 CPU 在程序运行时可能因为外界的干扰而进入混乱或死循环而设置的，它由一个 14bit 计数器和看门狗复位 SFR（WDTRST）构成。外部复位时，WDT 默认为关闭状态，要打开 WDT，用户必须按顺序将 01EH 和 0E1H 写到 WDTRST 寄存器（SFR 地址为 0A6H）。

当启动 WDT，它会随晶体振荡器在每个机器周期计数，除硬件复位或 WDT 溢出复位外没有其他方法关闭 WDT，当 WDT 溢出时，将使 RST 引脚输出高电平的复位脉冲。

使用看门狗（WDT）的方法是：打开 WDT 需按次序写 01EH 和 0E1H 到 WDTRST 寄存器（SFR 的地址为 0A6H），当 WDT 打开后，需在一定的时候写 01EH 和 0E1H 到 WDTRST 寄存器以避免 WDT 计数溢出。14bit WDT 计数器计数达到 16383（3FFFH）时，WDT 将溢出并使器件复位。WDT 打开时，它会随晶体振荡器在每个机器周期计数，这意味着用户每次都必须在 WDT 计数器的计数值达到 16383 以前复位 WDT，也即再次写 01EH 和 0E1H 到 WDTRST 寄存器。

WDTRST 为只写寄存器。WDT 计数器既不可读也不可写，当 WDT 溢出时，通常将使 RST 引脚输出高电平的复位脉冲。复位脉冲持续时间为 $98 \times T_{OSC}$，而 $T_{OSC} = 1/F_{OSC}$（晶体振荡频率）。为使 WDT 工作最优化，必须在合适的程序代码时间段内周期性地复位 WDT 以防止 WDT 溢出。

习 题 和 思 考 题

1. 内部 RAM 低 128 单元划分为哪三个主要部分？各部分主要功能是什么？

2. 堆栈寄存器（SP）的作用是什么？其初始值是多少？在程序设计时，为什么要对 SP 重新赋值？

3. MCS-51 系列单片机有多少个特殊功能寄存器？它们分为几类？各完成什么主要功能？

4. MCS-51 系列单片机的布尔（位）处理存储器占据了 RAM 中的哪些地址范围？其位地址范围又是怎样分布的？

5. 什么是时钟周期、机器周期和指令周期？当晶振的振荡频率为 6MHz 时，一个机器周期为多少微秒？

6. 使单片机复位有几种方式？复位后机器的初始状态如何？

7. MCS-51 单片机有哪几种寻址方式？这几种寻址方式是如何寻址的？

8. 若需访问内部 RAM 单元和特殊功能寄存器，应采用哪些寻址方式？

9. 请写出所有寻址方式的带进位加法和不带进位加法的指令（共 8 条）。

10. 分别说明每小题中的两条指令的区别。

(1) MOV A, #24H 与 MOV A, 24H;

(2) MOV A, R0 与 MOV A, @R0;

(3) MOV A, @R0 与 MOVX A, @R0;

(4) MOVX A, @R1 与 MOVX A, @DPTR。

11. 已知（A）=8FH，（R0）=60H，（30H）=A5H，（PSW）=80H，写出下列各条指令执行后 A 和 PSW 的内容。

(1) XCH A, R0   (2) XCH A, 30H

(3) XCH A, @R0   (4) XCHD A, @R0

(5) SWAP A   (6) ADD A, R0

(7) ADD A, 30H   (8) ADD A, #30H

(9) ADDC A, 30H   (10) SUBB A, 30H

(11) SUBB A, #30H   (12) INC @R0

12. 请编制子程序实现将片外 RAM 中 2000H，2001H，2002H 中的无符号二进制整数（2000H 中为低字节）乘以 2，并将结果存放在原来的单元中，并按原来的顺序存放。

13. 设单片机系统使用 6MHz 晶振，并设定定时器 T0 为工作方式 0（即为 13 位定时器）。请计算定时时间为 1ms 时的 TH0 和 TL0 的时间常数。请写出 MCS-51 单片机 CPU能正确响应 INT0 中断的程序段初始化部分，并假设 INT0 是下降沿申请中断。

14. 阅读下面的程字段，指出该段程序的功能。

```
START： MOV    R0，＃30H
        MOV    A，@R0
        INC    R0
        ADD    A，@R0
        INC    R0
        MOV    @R0，A
        CLR    A
        INC    R0
        ADDC   A，＃00H
        MOV    @R0，A
        RET
```

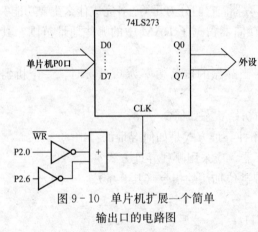

图 9-10 单片机扩展一个简单
输出口的电路图

15. 图 9-10 为单片机扩展一个简单输出口的电路图，请写出它的所有有效的口地址，并找出最小地址值，然后以该值写一段程序，将片外 RAM 50H 单元中数据乘以 5 后，将低8 位数输出到外设中（注：要求程序上电后能自动连续执行）。

16. 存储器自 DATA 单元开始的区域中存储有 200 个（即 $C8 个）带符号二字节数（均为补码），编写源程序求它们的和，并将结果存放于存储器中自 RESUL 单元开始的单元中。

17. 编写程序完成将片外数据存储器地址为 2000H～2020H 的数据块全部搬移到片内RAM 中 30H 开始的存储区中并将原数据区全部改存为 0FFH。

18. 写出以下程序的运行结果（按序号顺序执行）。

```
(1)          MOV  R0，＃40H
(2)          MOV  R7，＃8
(3)          MOV  A，＃10H
(4) LOOP： MOV  @R0，A
(5)          INC  A
(6)          INC  R0
(7)          DJNZ  R7，LOOP
```

R0   ；R7   ；A   ；43H。

第十章 MCS-51 单片机系统扩展与接口设计举例

第一节 MCS-51 单片机的系统扩展

对于一些较大的应用系统来说，单片机片内所具有的功能显得不足，这时就必须在片外连接一些外围芯片。这些外围芯片，既可能是存储器芯片，也可能是输入/输出接口芯片。

内部带有程序存储器的 8051、8751、80C51、89C51 和 89S51 等单片机本身就是一个最简单的最小应用系统，许多实际应用系统可以用这种成本低和体积小的单片结构实现了高性能的控制。但是对于目前国内使用量较大的内部无程序存储器的芯片 8031 来说，则要用外接程序存储器的方法才能构成一个最小应用系统。另一方面，MCS-51 单片机的内部数据存储器也仅有 128~256 字节。当不能满足应用系统的需求时，就要进行外部数据存储器的扩展。此外，有时还必须对输入/输出接口进行扩展。本章给出 MCS-51 单片机系统扩展的方法与接口设计实例。

一、系统扩展的内容与方法

1. 系统扩展的内容

系统的扩展一般有以下几方面的内容：

(1) 外部程序存储器的扩展；

(2) 外部数据存储器的扩展；

(3) 输入/输出接口的扩展；

(4) 管理功能器件的扩展（如定时/计数器、键盘/显示器、中断控制器等）。

2. 系统扩展的基本方法

(1) 使用 TTL 中小规模集成电路进行扩展。根据微机系统与总线相连应符合"输出锁存、输入三态"的原则，可以选用 TTL 锁存器作为输出口，三态门作为输入口。例如，可以采用 74LS273、74LS373、8282、8283 等器件作为具有锁存功能的输出口，选用 8282、8287、74LS244、74LS245 等器件作为三态输入口。也可以采用 D 触发器、RS 触发器作为外设与 CPU 间通信的应答联络控制电路。这种扩展方法适用于较简单的扩展系统。

(2) 采用 Intel MCS-80/85 微处理器外围芯片来扩展。由于 Intel 公司在研制单片机时使其具有 MCS-80/85CPU 的总线标准，从而可以用 MCS-80/85 系列的外围芯片来扩展 MCS-51 单片机系统。

(3) 采用与 MCS-80/85 外围芯片兼容的其他一些通用标准芯片。

3. 单片机的三总线结构

为了使单片机能方便地与各种扩展芯片连接，常将单片机的外部连线变为一般的微型计算机三总线结构形式。对于 MCS-51 系列单片机，其三总线由下列通道口的引线组成。

(1) 地址总线：由 P2 口提供高 8 位地址线，此口具有输出锁存的功能，能保留地址信息。由 P0 口提供低 8 位地址线。由于 P0 口是地址、数据分时复用的通道口，所以为保存地址信息，需外加地址锁存器锁存低 8 位的地址。一般都用 ALE 正脉冲信号的下降沿进行锁存。

(2) 数据总线。由 P0 口提供。此口是双向、输入三态控制的 8 位通道口。

（3）控制总线。扩展系统时常用的控制信号如下：

ALE——地址锁存信号，用以实现对低 8 位地址的锁存。

$\overline{PSEN}$——片外程序存储器读信号。

$\overline{RD}$——片外数据存储器读信号。

$\overline{WR}$——片外数据存储器写信号。

图 10-1 为单片机扩展成三总线结构的示意图。这样一来，扩展芯片与主机的连接方法同一般三总线结构的微型计算机就完全一样了。对于 MCS-51 系列单片机而言，Intel 公司专门为它们配套生产了一些专用外围芯片，使用起来就更加方便。

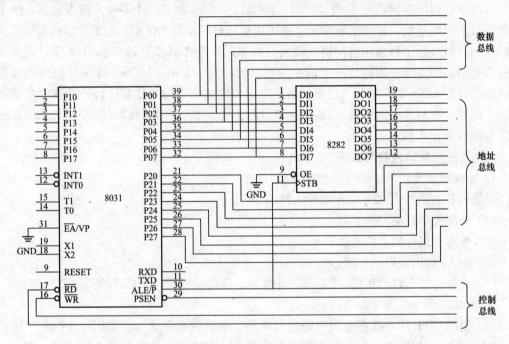

图 10-1　单片机的三总线结构

二、片外程序存储器的扩展

片内无程序存储器的芯片构成最小应用系统时，必须在片外扩展程序存储器。如图 10-2所示。该图中 8282 为地址锁存器，用于锁存低 8 位地址。2764 为 EPROM 芯片，容量为 8K×8。由于使用片外程序存储器，8031 的 $\overline{EA}$ 端必须接低电平，$\overline{PSEN}$ 与 EPROM 的输出允许端 $\overline{OE}$ 连接，ALE 信号与地址锁存器的 STB 端连接。当 ALE 处于下降沿时，锁存从 P0 口输出的低 8 位地址，而在 $\overline{PSEN}$ 低电平期间，EPROM 把数据送到 P0 口以便 8031 读入。由于系统中只含一片 EPROM 芯片，故其片选端 $\overline{CE}$ 可直接接地。

三、片外数据存储器的扩展

如图 10-3 所示。图中 74LS373 为地址锁存器，用于锁存低 8 位地址。6264 为静态 RAM 芯片，容量为 8K×8。8031 的 ALE 信号与地址锁存器的 LE 端连接。当 ALE 处于下降沿时，锁存从 P0 口输出的低 8 位地址，当系统中既有片外程序存储器又有片外数据存储器时，只需要共用一个地址锁存器。8031 的 $\overline{RD}$ 和 $\overline{WR}$ 分别接到 6264 的 $\overline{OE}$ 和 $\overline{WE}$ 端。6264 的片选端 $\overline{CS1}$ 和 CS2 可以采用线选法连到高端地址线 P2.7、P2.6 上。

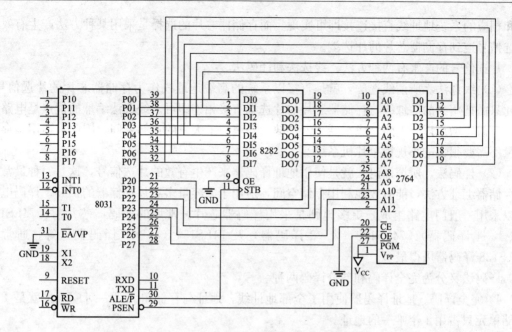

图 10-2　扩展一片 ROM2764 的连接图

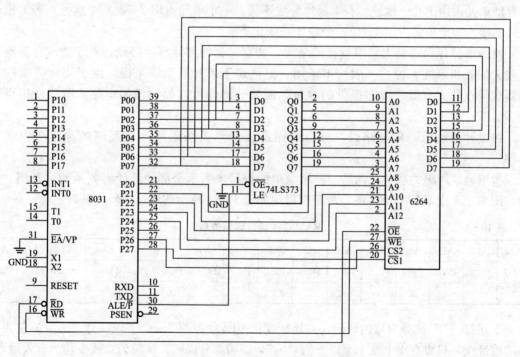

图 10-3　扩展一片 RAM6264 的连接图

四、存储器扩展时地址范围的确定

存储器扩展的核心问题是存储器的编址问题。所谓编址就是给存储单元分配地址。由于存储器通常由多片芯片组成，为此存储器的编址分为两个层次：即存储器芯片的选择（片选）和存储器芯片内部存储单元的选择。

对于存储器芯片内部存储单元的选择，方法很简单，就是把存储器芯片的地址引线按位号和相应的系统地址线直接连接即可实现。而存储器芯片的选择是采用某种方法产生有效的片选信号连到存储器芯片的片选端。

片选信号的产生有两种方法：线选法和译码法。

（1）线选法。所谓线选法，就是直接以系统的高端地址线作为存储器芯片的片选信号，为此只需把用到的地址线与存储器芯片的片选端直接相连即可。线选法编址的优点是电路简单，不需要增加译码电路，成本低。但其缺点是浪费了大量的存储空间，因此只适用于存储容量不需要很大的小规模单片机系统。

（2）译码法。所谓译码法就是使用地址译码器来产生有效的片选信号，这是一种最常用的存储器编址方法，能有效地利用存储空间，适用于大容量多芯片存储器的扩展。译码电路可以采用一般门电路组成，更多地则是采用译码器芯片。常用的译码器芯片有：74LS139（双 2 - 4 译码器）、74LS138（3 - 8 译码器）及 74LS154（4 - 16 译码器）等。通常以 74LS138 译码器用得最多。

译码法又分为完全译码和部分译码两种。

1）完全译码。地址译码器使用了全部地址线，地址与存储单元一一对应，也就是 1 个存储单元只占用 1 个唯一的地址。

2）部分译码。地址译码器仅使用了部分地址线，地址与存储单元不是一一对应，而是 1 个存储单元占用了几个地址。若 1 根地址线不接，一个单元占用 2（2^1）个地址；若 2 根地址线不接，一个单元占用 4（2^2）个地址，依此类推。

使用部分译码将会大量浪费存储单元，使存储器的实际容量降低。对于要求存储器容量较大的微机系统来说，一般均不采用。但是对于单片机系统来说，由于实际需要的存储器容量往往大大低于所能提供的容量，而部分译码可以简化译码电路，所以使用得比较多。

在设计地址译码器电路时，可以采用地址译码关系图使地址范围的确定变得非常方便。

所谓地址译码关系图，就是一种用简单的符号来表示全部地址译码关系的示意图。例如，图 10 - 3 中 RAM 6264 的地址范围可用如表 10 - 1 所示的地址译码关系确定。

表 10 - 1   RAM6264 地址译码关系

A15	A14	A13	A12	A11	A10	A9	A8	A7	A6	A5	A4	A3	A2	A1	A0
P2.7	P2.6	P2.5	P2.4	P2.3	P2.2	P2.1	P2.0	P0.7	P0.6	P0.5	P0.4	P0.3	P0.2	P0.1	P0.0
0	1	·	x	x	x	x	x	x	x	x	x	x	x	x	x

上述打"X"部分为片内译码，其地址变化范围为全"0"～全"1"；打"·"的位为不接的地址线，只要有 1 个或 1 个以上的"·"，即为部分译码；该位为 0 或 1 均为有效地址。显然，若只有 1 位不接的话，那么每个单元占用 $2^1＝2$ 个地址号，若有 2 位不接的话，则每个单元占用 $2^2＝4$ 个地址号，依此类推。实际使用时，为简单起见，往往取数值最小或最大的一组地址。"0"表示该位为"0"有效；"1"表示该位为"1"有效。

从地址译码关系可以看出以下几点：

（1）属完全译码还是部分译码；

（2）片内译码线和片外译码线各有多少根；

（3）所占用的全部地址范围为多少。

表 10-1 中，有 1 个"·"（A13 不接），表示为部分译码，每个单元占用 2 个地址。片内译码线有 13 根（A12～A0），片外译码线有 2 根，这种译码方式下存储器共占用了两组地址，这两组地址在使用中同样有效。其所占用的地址范围如下：

（1）当 A13 为 0 时，所占用地址为 0100000000000000B～0101111111111111B，即 4000H～5FFFH。

（2）当 A13 为 1 时，所占用地址为 0110000000000000B～0111111111111111B，即 6000H～7FFFH。

第二节　接 口 设 计 举 例

一、键盘与显示接口设计

8279 是 Intel 公司生产的可编程通用键盘和显示器接口器件，它本身可以产生对键盘扫描和对显示器刷新显示的信号，代替 CPU 的工作，减轻了主机的负担，8279 可以与 MCS-86，MCS-51 以及 MCS-96 等系列单片机配合工作。

8279 有三个主要部分：一是与主机进行通信的数据总线，控制信号等；二是控制键盘工作部分；三是控制数码显示器工作部分。图 10-4 是 8279 的引脚图。

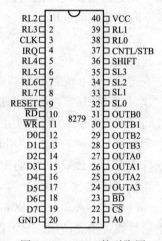

图 10-4　8279 的引脚图

（一）8279 芯片引脚

1. 8279 与 CPU 的接口信号

（1）D0～D7：这是 CPU 与 8279 之间进行数据和命令传送的数据总线。

（2）CLK：时钟信号，由外部引入。它是产生 8279 内部定时和扫描的时钟源。8031 输出的 ALE 信号接到此处，作为 8279 的时钟源，8031 每个机器周期一般输出两个 ALE 信号，它的频率为晶振的 1/6。

（3）RESET：复位信号，输入高电平有效。复位后 8279 被置成如下状态。

1）显示部分为显示 16 个 8 段字符，从左端输入；

2）键盘部分为编码扫描，双键锁定；

3）时钟分频系数为 31。

（4）$\overline{\text{CS}}$：片选信号，输入低电平有效，选通 8279。

（5）A0：用来确定数据总线传送的是命令还是数据，A0＝0，读写的是数据，A0＝1 读写的是状态信息和命令。

（6）$\overline{\text{RD}}$：读命令，输入低电平有效。它与 $\overline{\text{CS}}$ 信号配合读取 8279 的数据和状态信息。

（7）$\overline{\text{WR}}$：写命令，输入低电平有效。它与 $\overline{\text{CS}}$ 信号配合向 8279 写入命令和数据。

（8）IRQ：中断请求信号，输出高电平有效。用于键码读出。在键盘工作方式下，FIFO/传感器 RAM 中有键码，此线升高，申请中断，CPU 读出后，IRQ 变低，若 FIFO/传感器内仍有键码，此线再次升高，又一次申请中断。在传感器工作方式，每当探测到传感器信号变化，中断线就变高。

(9) Vcc，Vss：电源和地引脚。

2. 键盘接口信号

(1) SL0～SL3：扫描线输出；这4根线既要接至键盘，也要接至显示器，接至键盘作为键盘或传感器阵列的列扫描信号，接至显示器，则为显示器的位选信号；它受8279定时电路控制连续输出，此信号输出可用程序选择，分为如下两种方式：

1) 编码方式：此时4根线按二进制计数方式输出4位码，高电平有效，经译码可以16中取1。

2) 译码方式：此时4根只有一根线输出低电平有效信号，由SL0到SL3轮流输出，因此，它只有4中取1。

(2) RL0～RL7：返回线输入。SL0～SL3是8279输往键盘等的列扫描信号，而RL0～RL7则是由键盘返回的行信号。RL0～RL7内部有上拉电阻，平时保持高电平，有键盘被按下时，才拉向低电位。

(3) SHIFT：换位信号，输入。在键盘扫描方式中，8279读取其行键码时，此位状态一起读入8279。它内部也有上拉电阻，保持高电平。使用时此引脚的电位通过一个开关控制。通常用来扩充键开关的功能，如表示上下档键等，在传感器方式中此信号无效。

(4) CNTL/STB：控制选通信号，输入。在键盘扫描工作时，它同SHIFT信号一样，被同时读入8279。此引脚用开关控制其状态，作为扩充键开关的功能使用，在RL0～RL7作为8根I/O并行端口使用时（称为选通输入方式），此引脚的信号由低变高的上升沿将数据打入FIFO/RAM，它的作用为选通信号。在传感器方式此信号无效。

3. 显示器接口信号

(1) A3～A0，B3～B0：这是两组显示数据线，其输出与SL0～SL3扫描信号同步，两组信号线可独立使用。显示器可以接数码显示管，也可以接白炽灯等。接数码显示管A3～A0、B3～B0作为数码显示管的段选信号输出，其最高位为A3，最低位为B0，接指示灯时，A3～A0和B3～B0独立输出显示信号，也可组成8位信息一起输出。

(2) $\overline{BD}$：显示消隐，输出，低电平有效，平时输出高电位，当显示字符切换8279写入新的字符和禁止显示命令时，$\overline{BD}$输出低电平，消隐显示。

（二）8279功能说明

下面就键盘与显示器工作方式作一说明。前者称为输入，后者称为输出。

1. 输入方式

输入分键盘输入、传感器输入和选通输入。

(1) 键盘输入。

1) 扫描计数器。工作在键盘输入方式，首先要确定扫描计数器输出的扫描信号SL0～SL3的工作方式，前面讲过，它分两种：

(a) 编码方式：SL0～SL3以计数方式输出，可以16中取1。

(b) 译码方式：SL0～SL3依次输出低电平信号，可以4中取1。

2) 返回缓冲器，键盘去抖及控制。与SL0～SL3扫描信号同步，8279在RL0～RL7的8根线上读取键盘的行信号，看有无键盘被按下，若发现有键钮被按下，去抖电路工作，等待10ms再进行一次检查，若确实为按键闭合，则将其按键码读入FIFO/RAM中。

检查有按键按下，又分为两种情况，它们由程序设定：

（a）双键锁定。所谓双键锁定就是发现有键按下，并不立即读此键码，而是继续扫描，检查还有无其他按键被按下，若没有发现另有按键被按下，就被认为是单键按下，该键码被读入 FIFO/RAM。若发现同时有双键被按下，它不读此键码，只承认最后释放的那只键，并把它的键码读入 FIFO/RAM。

（b）N 键轮回。所谓 N 键轮回，就是把每个键都独立对待，发现被按下，先去抖检查，若证实是被按下，就将其键码读入 FIFO/RAM。若有多键同时按下，它按扫描发现的先后顺序，把它们的键码都读入 FIFO/RAM。

3）FIFO/RAM。

8279 有一个 8 字节先进先出存储器（FIFO/RAM），检查出被按下键盘的键码按先后顺序写入此中，进入 FIFO/RAM 键码的格式如下，数据中把 CNTL/STB 和 SHIF 同时存入 RAM。

FIFO/RAM 数据格式：

D7	D6	D5	D4	D3	D2	D1	D0
CNTL/STB	SHIFT						

列 SL0～SL3 计数值　　行 RL0～RL7 计数值

先进先出存储器中的键码可以按中断方式，也可按查询方式由 CPU 读出，中断方式前面讲过，只要 FIFO/RAM 中有数据，就会发出中断请求。

FIFO/RAM 有一状态寄存器，只要按命令状态字地址读 8279，就可读出其内容，FIFO/RAM 状态寄存器的状态字格式如下：

D7	D6	D5	D4	D3	D2	D1	D0
DU	S/E	O	U	F	N	N	N

NNN：三位表示 FIFO/RAM 已存数据个数。

F：F=1 表示 FIFO/RAM 数据已满。

U：空读出错，U=1 表示当 FIFO/RAM 中已无数据，还企图读 FIFO/RAM。

O：溢出出错，O=1 表示当 FIFO/RAM 存数已满，还企图写入键码。

S/E：传感器结束/错误标志。当工作在传感器方式中，若最后一个传感器信号进入传感器 RAM，S/E=1；当 CPU 向 8279 写入一个"结束中断/错误方式"命令时，若命令中 E 位为 1（E=1），代表"错误方式"。这种方式的特点是：在 8279 去抖动期间，如果发现多个按键同时按下，则 FIFO 状态字的 S/E=1，并产生中断请求信号，同时还阻止写入 FIFO/RAM。

DU：为显示无效特征位。CPU 向 8279 写入"清除显示 RAM"命令时，将清除显示存储器中的数据，这个过程约需 $160\mu s$，在此期间 DU 被置 1，表示清除尚未完成，不得再对显示存储器进行读写。

用查询方法读取 FIFO/RAM 键码时，应先检查上述 FIFO 状态字，证实可以读 FIFO 时，再读取。读命令后面介绍。

(2) 传感器输入。8279 键盘也可接霍尔效应或铁氧体等传感器阵列,选择这种器件时,键盘工作方式应设定为传感器输入方式。这种方式也分编码扫描和译码扫描,它与键盘输入方式不同的地方在于:键盘方式时,键码是按顺序进入 FIFO/RAM,读出时先进先出。传感器方式则是在阵列中传感器状态变化时,其信息直接写入 FIFO/RAM 中的对应位置,而不是按先进先出方式处理。扫描时,若发现某一传感器的状态发生变化,发出中断请求(IRQ=1)。IRQ 信号由读取传感器 RAM 中的数据而自动清除,如果读传感器 RAM 的方式为地址自动加 1,IRQ 就由"结束中断"命令清除。

由传感器数据 RAM 读出的数据格式如下。

D7	D6	D5	D4	D3	D2	D1	D0
RL7	RL6	RL5	RL4	RL3	RL2	RL1	RL0

(3) 选通输入。选通方式把 RL0~RL7 视为并行端口,其输入选通信号为 CNTRL/STB,当该引脚的电位由低升高为高电平时,其上升沿将输入信号打入 FIFO/RAM。进入 FIFO/RAM 的顺序如同键盘扫描方式,先进先出。选通输入数据格式与传感器输入方式的数据格式相同。

2. 输出方式

所谓输出方式就是控制显示器的工作方式。对显示而言,扫描信号与键盘工作一样,由内部定时器控制自动地连续输出,但它不是用来选择键盘列开关,而是接到显示管的阴极,用于显示器的位选。

8279 控制显示器的工作也是动态扫描方式,与位选扫描信号同步输出显示的段码,不停地刷新。对外接白炽灯或发光二极管等,只输出通断电位即可。显示信号由 A3~A0,B3~B0 输出。

8279 内部有一个 16 字节的 RAM 存储器,存放欲显示的字符,地址为 AD0~AD15,一个字节对应显示器的一位,如地址 AD0 存放的是第一位显示管显示的信息,AD15 就存放第 16 位显示管显示的信息。工作时,配合 SL0~SL3 的位选信号,8279 不停地将 AD0~AD15 存储单元信息读出,由 A3~A0,B3~B0 输至显示管。

8279 支持 8 位显示和 16 位显示,16 位显示刷新一次的时间要比 8 位显示多一倍。

显示存储器的内容由 CPU 写入,写入后的显示管理工作由 8279 执行。显示存储器的内容也可由 CPU 读出。

(三) 8279 命令字

8279 工作方式的选择以及各种控制操作皆由 CPU 向 8279 写入命令字来实现。8279 有 8 条命令,其功能及格式如下。

1. 键盘/显示方式设置命令

命令格式如下:

D7	D6	D5	D4	D3	D2	D1	D0
0	0	0	D	D	K	K	K

(1) DD:设定显示方式。

00:8 位字符显示,左入口。

01：16 位字符显示，左入口。

10：8 位字符显示，右入口。

11：16 位字符显示，右入口。

显示存储器的地址 AD0～AD15 存放的数据分别对应于显示器的 0 位～15 位，所谓左入口、右入口是 CPU 向显示存储器写入数据时的顺序。左入口为依次填入方式。CPU 首先向 AD0 写入数据，然后是 AD1，待写满后便返回来，再写入 AD0。

右写入为移位方式。数据先从 AD15 写入，第二次写入时，前次写入的数据右移至 AD14，新数据又从 AD15 写入，当写满规定的数据后再写入时，最早写入的数据从 AD0 溢出。

（2）KKK：为键盘方式设定。

000：编码扫描键盘，双键锁定。

001：译码扫描键盘，双键锁定。

010：编码扫描键盘，N 键轮回。

011：译码扫描键盘，N 键轮回。

100：编码扫描传感器。

101：译码扫描传感器。

110：选通输入，编码显示扫描。

111：选通输入，译码显示扫描。

当键盘扫描选为译码方式时，显示器也减少为 4 位；

2. 程序时钟命令

命令格式如下：

D7	D6	D5	D4	D3	D2	D1	D0
0	0	1	P	P	P	P	P

PPPPP 五位数用来设定对外部输入的时钟 CLK 的分频数。因为 8279 要求分频后的时钟频率应为 100kHz 左右，这样才能保证键盘扫描时间为 5.1ms 和去抖动时间为 10.3ms，PPPPP 的选择主要取决于输入时钟，一般 P 的数值为 2～31 之间。

例如，晶振选为 8MHz，ALE 作为 8279 的时钟，它是 1.33MHz，那么 P 的分频数应是 1.33/P=0.1，P=13.3。可以选择 P=10，若 8279 的命令状态口地址是 0C300H，其写命令的指令如下。

```
MOV   DPTR, #0C300H      ; 命令状态口地址
MOV   A, #2AH            ; 程序时钟字，P=10
MOVX  @DPTR, A           ; 写入程序时钟
```

3. 读 FIFO/传感器 RAM

读 FIFO/传感器 RAM 的命令格式如下：

D7	D6	D5	D4	D3	D2	D1	D0
0	1	0	AI	X	A	A	A

在键盘工作方式中，因读出操作严格按先进先出的原则进行，故不需使用这条命令。此

命令只在读传感器方式时使用。在读传感器 RAM 之前先用它设定传感器 RAM 中的地址，然后读传感器的状态值。

AAA：传感器 RAM 中 8 个字节的地址。读传感器 RAM 时，即读此地址的内容。

AI：自动增量特征位。

AI=1，每次读出传感器 RAM 的内容之后，其地址自动增 1，使地址指向下一个存储单元，而不必重新设定读 FIFO/传感器 RAM 命令。

AI=0，每读取一个数据，便要重新用读 FIFO/传感器 RAM 命令设定一次地址，然后再进行读操作。

4. 读显示器 RAM

读显示器 RAM 命令格式如下：

D7	D6	D5	D4	D3	D2	D1	D0
0	1	1	AI	A	A	A	A

读显示器 RAM 中的内容首先要用此命令指明 RAM 的地址，然后才能进行读操作。

AAAA：指明欲读其内容的显示器 RAM 的 16 个字节的地址。

AI：自动增量位，它的作用类似读 FIFO/传感器 RAM 命令中的 AI 位。

5. 写显示器 RAM 命令

写显示器 RAM 的命令格式如下：

D7	D6	D5	D4	D3	D2	D1	D0
1	0	0	AI	A	A	A	A

写显示器 RAM 命令中 AI 位和 AAAA 位的含义与读显示器 RAM 命令相同。

6. 显示禁止写入/消隐命令

显示禁止写入/消隐命令格式如下：

D7	D6	D5	D4	D3	D2	D1	D0
1	0	1	X	IW/A	IW/B	BL/A	BL/B

这条命令用在显示器分为 A、B 两组的场合，每一组经 A3～A0 和 B3～B0 输出 4 位 BCD 码，经译码送到显示管上。在向显示 RAM 写入显示码时，是 8 位，也就是说要同时写入 A，B 两组的数据，实际中人们常常只希望修改其中一组的数据（比如 A 组），而不影响另一组的数据（如 B 组），为了解决这一矛盾，8279 设置了本命令。

(1) IW/A，IW/B：为 A、B 两组显示 RAM 写入屏蔽位，两组中 IW 被置 1 的那一组，写入时被屏蔽，即向显示 RAM 写入数据时，仍是 8 位数，但被屏蔽的那一组数据不变。

(2) BL/A，BL/B：消隐设置位，BL/A、BL/B 分别对应 A，B 两组显示管，BL 被置 1 的那一组显示管不显示，被消隐。

7. 清除命令

清除命令格式如下：

D7	D6	D5	D4	D3	D2	D1	D0
1	1	0	C_D	C_D	C_D	C_F	C_A

$C_D C_D C_D$ 的定义如下:

D4	D3	D2	清除方式
1	0	X	将显示 RAM 全部清零
1	1	0	将显示 RAM 清成 20H（A 组：0010，B 组：0000）
1	1	1	将显示 RAM 全部置 1
0			不清除（若 C_A=1，则 D3、D2 仍有效）

C_F：置空 FIFO 存储器。C_F=1，FIFO/RAM 被置空，并使中断复位，传感器读出地址置 0。

C_A：总清除位，C_A=1，总清除。

8. 结束中断/错误方式设置命令

结束中断/错误方式设置命令格式如下：

D7	D6	D5	D4	D3	D2	D1	D0
1	1	1	E	X	X	X	X

此命令有两种功能：

（1）在传感器工作方式时，每当传感器的状态出现变化时，扫描电路将其变化写入传感器 RAM，并发出 IRQ 信号。在 CPU 读传感器 RAM 的命令中，若没有设置 AI 位（AI=0），读出传感器 RAM 的数据后，IRQ 自动复位，若命令中设置了 AI 位（AI=1），读出数据后 IRQ 不复位，要复位 IRQ 就用此命令，即此命令是结束传感器 RAM 的中断请求。

（2）作为特定错误方式设置命令（E=1）。在 8279 已被设定为键盘扫描 N 键轮回方式以后，如果 CPU 给 8279 又写入结束中断/错误方式设置命令（E=1），则 8279 将以一种特定的错误方式工作。这种方式的特点是：在 8279 去抖动周期内，若发现同时有多键被按下，则 FIFO 状态字中的错误特征位 S/E 将置 1，并产生中断请求信号且阻止写入 FIFO/RAM。

上述八种用于确定 8279 操作方式的命令字皆由 D7D6D5 特征位确定，输入 8279 后能自动寻址相应的命令寄存器。因此，写入命令字时唯一的要求是使数据选择信号 A0=1。

下面举例说明 8279 键盘与显示器接口的设计方法。

硬件电路请见图 10-5。图中未给出形成 8279 片选信号（$\overline{CS}$）的译码器电路，实际电路应包括译码器电路设计，这里假设命令状态口地址：0C300H；数据口地址：0C200H。

这里选择 8279 为编码扫描双键锁定方式工作，扫描信号只用了 SL0～SL2 三根，并经 74LS138 译码后输出 8 个列选信号（Y7～Y0），此信号经驱动器 75451 放大后加到键盘上，有效电位为低。键盘返回的行信号只有三条，接到 8279 的 RL4～RL6。

配合键盘工作的 8031 程序如下：

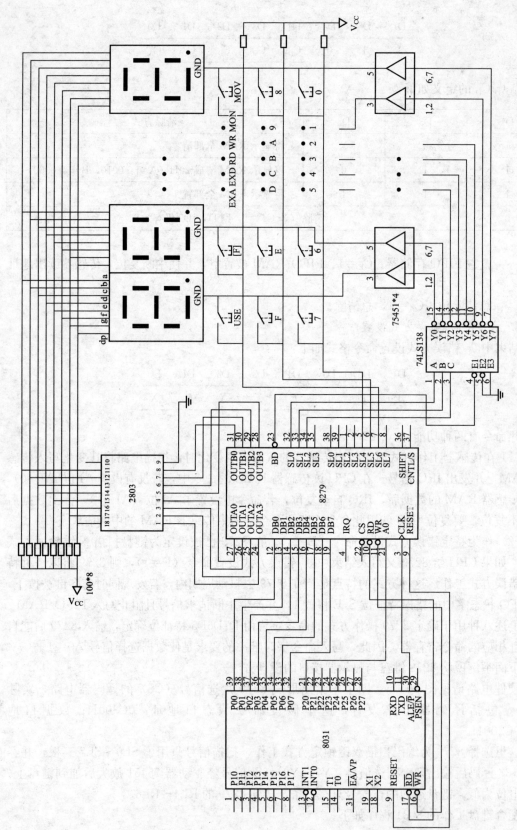

图 10-5　8279 键盘与显示器接口

```
                MOV   DPTR, #0C300H       ; 8279 命令状态口地址
                MOV   A, #00H             ; 8 位显示左入, 编码扫描双键锁定
                MOVX  @DPTR, A            ; 写入命令
                MOV   A, #2AH             ; 设分频系数 P=10
                MOVX  @DPTR, A            ; 写入命令
KEY_GET:        MOVX  A, @DPTR            ; 读 FIFO 状态字
                ANL   A, #0FH             ; 判断 FIFO RAM 内有数否
                JNZ   K_G1                ; 有数转 K_G1
                AJMP  KEY_GET             ; 无数转 KEY_GET
K_G1:           MOV   A, #40H             ; 读 FIFO 命令
                MOVX  @DPTR, A            ; 写入命令
                MOV   DPTR, #0C200H       ; 数据口地址
                MOVX  A, @DPTR            ; 读 FIFO 数据
                ANL   A, #3FH             ; 屏蔽 CNTL/STB 和 SHIFT 位
                MOV   DPTR, #TABLE
                MOVC  A, @A+DPTR          ; 将键码转换成键开关代表的符号
                LJMP  KEY_GET
TABLE:          DB    00H, 00H, 00H, 00H, 07H, 0FH, 17H (USE), 00H
                DB    00H, 00H, 00H, 00H, 06H, 0EH, 16H ([F]), 00H
                DB    00H, 00H, 00H, 00H, 05H, 0DH, 15H (EXA), 00H
                DB    00H, 00H, 00H, 00H, 04H, 0CH, 14H (EXE), 00H
                DB    00H, 00H, 00H, 00H, 03H, 0BH, 13H (RD), 00H
                DB    00H, 00H, 00H, 00H, 02H, 0AH, 12H (WR), 00H
                DB    00H, 00H, 00H, 00H, 01H, 09H, 11H (MON), 00H
                DB    00H, 00H, 00H, 00H, 00H, 08H, 10H (MOV), 00H
```

显示器采用 LED 共阴极数码管, 8279 输出的段码与数码管各段的关系如表 10-2 所示。

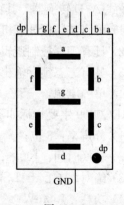

图 10-6

表 10-2　　　　　8279 输出的段码与数码的关系

8279 输出	A3	A2	A1	A0	B3	B2	B1	B0
字节位	D7	D6	D5	D4	D3	D2	D1	D0
代表字段	dp	g	f	e	d	c	b	a

由于 8279 输出的显示信号经反相器后加到数码管上, 因此对应位为 0 的段发光, 为 1 的段不显示。

其位选信号与键盘的列选信号共同由 SL0~SL2 经译码产生, SL2、SL1、SL0=000 的位对应 8 位数码管的最左位, 因此显示 RAM 中的 AD7 单元的数送到最右位, 同样道理显示 RAM 中 AD0 单元的数送到显示器最左位。

显示器采用 8 位左入方式, 配合其工作的 8031 程序如下:

　　8031 先把显示字符送入显示缓冲区 7EH、7DH、7CH、7BH、7AH、79H、78H、77H 等 8 个单元，7EH 对应显示器最高位，而 77H 则对应最低位，显示时从缓冲区取出代码，并把它转换成显示字段码，再写入 8279 显示器 RAM。

```
        MOV   DPTR, ♯0C300H      ;命令状态口地址
        MOV   A, ♯00H            ;8 位显示，左入
        MOVX  @DPTR, A           ;写入命令
        MOV   A, ♯90H            ;写显示器命令，AI=1，A＝AD0
        MOVX  @DPTR, A           ;写入命令
        MOV   R0, ♯08H           ;控制写 8 位数
        MOV   R1, ♯7EH           ;存显示字符最高位地址
LOOP：  MOV   DPTR, ♯HARD        ;送字符显示段码转换表首址
        MOV   A, @R1             ;取出一个字符
        MOVC  A, @A＋DPTR        ;变成段码
        MOV   DPTR, ♯0C200H      ;数据口地址
        MOVX  @DPTR, A           ;字段码写入显示 RAM
        DEC   R1                 ;准备写下一位数
        DJNZ  R0, LOOP           ;8 位数未写完，返回；写完则转出显示程序
        RET                      ;转出显示程序
HARD：  DB  0C0H, 0F9H, 0A4H, 0B0H, 99H, 92H, 82H, 0F8H, 80H
        DB  90H, 88H, 83H, 0C6H, 0A1H, 86H, 8EH, 8CH, 0DEH
        DB  0F3H, 91H, 0BFH, 7FH, 0FFH, 00H, 0AFH, 0A3H, 00H
        DB  0CH, 0C1H, 40H, 79H, 24H, 30H, 19H, 12H, 02H, 78H
```

二、A/D、D/A 转换器接口设计

1. A/D 转换器的接口设计

　　下面以 ADC0809 为例来介绍 A/D 转换器的接口设计。ADC0809 是一种常用的 8 位逐次比较式 A/D 转换器，其特点如下：

(1) 可直接与微处理机接口，无需另加接口逻辑。

(2) 具有锁存控制逻辑的 8 通道模拟开关可输入 8 个模拟信号。

(3) 具有三态锁存输出，可与微处理机总线接口。

(4) 单一电源，＋5V。

ADC0809 主要指标如下：

(1) 分辨率：8 位；

(2) 转换时间：$100\mu s$；

(3) 绝对误差：±1LSB；

(4) 功耗：1.5mW；

ADC0809 主要引脚功能如下：

IN0～IN7：8 通道模拟量输入。

A、B、C：通道选择信号。

ALE：通道地址锁存信号。该信号上升沿把 A、B、C 上的通道号锁存在地址锁存器中。

D0～D7：数字量输出。

OE：输出允许。OE 为 1 时，D0～D7 输出转换后的数据，OE 为 0 时，D0～D7 呈高阻态。

START：启动信号，下降沿启动。

EOC：转换结束信号。该信号从启动信号上升沿开始经 1～8 个时钟周期后由高电平变为低电平，表征 A/D 转换正在进行；64 个时钟周期后（每位转换需 8 个时钟周期）由低变高，表征转换结束。

CLK：时钟输入。时钟频率≤640kHz。

$V_{ref(+)}$、$V_{ref(-)}$：基准电压输入，基准电压必须满足：

$$\frac{V_{ref(-)} + V_{ref(+)}}{2} = \frac{1}{2}Vcc, \quad 0 \leqslant V_{ref(-)} < V_{ref(+)} \leqslant V_{CC}$$

V_{CC}：数字电源电压输入，范围为 +4.5V～6V。

GND：数字、模拟公共地。

下面介绍 ADC0809 接口应用实例。

ADC0809 带有三态输出锁存器，可以和 MCS-51 系列单片机的总线直接接口，图 10-7 示出了 ADC0809 与 8031 单片机的接口电路。

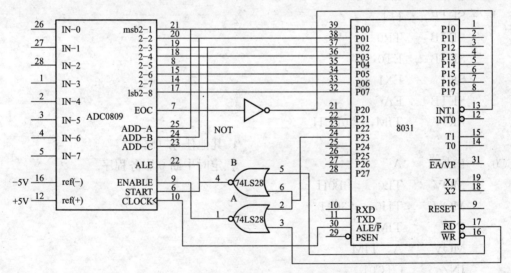

图 10-7　ADC0809 与 8031 单片机的接口电路

P2.3=0 时，选中 ADC0809（允许启动各通道转换与读取相应的转换结果）。转换结束信号 EOC 经反相后，接至单片机的外部中断 INT1，由外部中断 1 的中断服务程序读取转换结果。外部中断 INT1 采用边沿触发方式。

启动各通道进行 A/D 转换的程序段如下：

```
CLR     P2.3            ;0809 的端口地址，P2.3=0
MOV     A，#N           ;通道号 N
MOVX    @DPTR，A        ;启动 N 通道，此指令还用来产生 WR 信号。N=0～7，对
                        应于 IN0，IN1，…，IN7。
```

中断服务程序中读转换结果的程序段如下：

```
        CLR     P2.3            ;选中 ADC0809，P2.3=0
        MOVX    A，@R0          ;读转换结果到 A 中
```

按照图 10 - 7 的电路设计一个由 ADC0809 构成的八通道数据采集系统，要求采样周期 T=2s，在每个采样周期内巡回采集八通道模拟量输入并存放在以 DATA 为首地址的 8 个连续单元中。

软件设计如下：

```
        ORG     0000H
        AJMP    START                       ;跳转主程序
        ORG     000BH
        AJMP    CTC0                        ;跳转定时中断 0 服务程序
        ORG     0013H
        AJMP    INT1                        ;跳转外部中断 1 服务程序
START：MOV      TMOD，#1
        MOV     TL0，#0B0H
        MOV     TH0，#3CH
        MOV     IP，#2
        SETB    IT1
        SETB    TR0
        SETB    ET0
        SET     EX1
        SETB    EA
        MOV     TIM，#0ECH
          ⋮                                 ;其他任务（略）
CTC0：  PUSH    A                           ;定时中断 0 服务程序
        MOV     TL0，#0B0H
        MOV     TH0，#3CH
        INC     TIM
        MOV     A，TIM
        JNZ     CTC01
        MOV     TIM，#0ECH
        MOV     ABM，#0
        ACALL   SR
CTC01： POP     A
        RETI
INT1：  CLR     P2.3                        ;外部中断 1 服务程序
        MOV     A，#DATA
        ADD     A，ABM
        MOV     R1，A
        MOVX    A，@R0
```

```
        SETB    P2.3
        MOV     @R1，A
        CJNE    ABM，＃7，INT11
        RETI
INT11： INC     ABM
        ACALL   SR
        RETI
SR：    CLR     P2.3                ；启动 ADC0809 子程序
        MOV     A，ABM
        MOVX    @R0，A
        SETB    P2.3
        RET
ABM：   EQU     30H                 ；通道地址暂存器
DATA：  EQU     31H                 ；采样值缓冲区
TIM：   EQU     39H                 ；2 秒计时单元
```

　　2. D/A 转换器的接口设计

　　下面以 DAC0832 为例来介绍 D/A 转换器的接口设计。

　　DAC0832 与 8031 单片机有两种基本接口方式：单缓冲器方式接口和双缓冲器同步方式接口。

　　若应用系统中只有一路 D/A 转换或虽然是多路转换，但并不要求同步输出时，则采用单缓冲器方式接口，如图 10-8 所示，让 ILE 接＋5V，寄存器选择信号$\overline{CS}$及数据传送信号

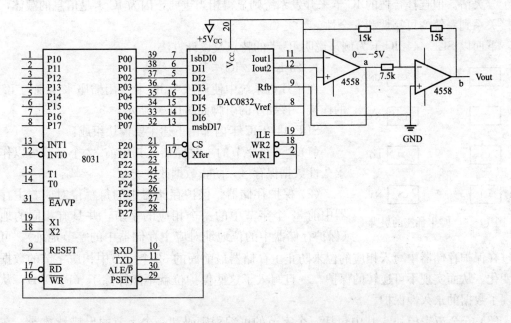

图 10-8　DAC0832 与 8031 单片机的单缓冲器接口方式

$\overline{\text{XFER}}$都与地址选择线相连（图中为 P2.7），两级寄存器的写信号都由 8031 的 $\overline{\text{WR}}$端控制。当地址选通 DAC0832 后，只要输出 $\overline{\text{WR}}$控制信号，DAC0832 就能一步完成数字量的输入锁存和 D/A 转换结果输出。

由于 DAC0832 具有数字量的锁存功能，故数字量可以直接从 8031 的 P0 口送入。

执行下面几条指令就能完成一次 D/A 转换。

```
MOV    DPTR，#7FFFH    ;指向 DAC0832
MOV    A，#DATA
MOVX   @DPTR，A        ;数字量从 P0 口送 DAC0832，完成 D/A 输入与转换
```

三、IC 卡阅读器接口设计

目前利用单片机来设计 IC 卡预收费系统已得到越来越广泛的应用，例如 IC 卡公用电话、城市停车场自动收费系统、IC 卡电表、气表、水表等。这样的收费系统分为两部分，一部分是售卡系统，它由一个 IC 卡读写器与一台 PC 机组成。IC 卡供应商常常也提供 IC 卡读写器及相应的读写软件，将此软件装入 PC 机并设计相应的售卡管理软件，就完成了售卡系统的设计。另一部分是单片机系统，它安装在电话机内、停车场入口及出口处或街边停车点的收费柱内、或预收费电表、气表、水表内。用户购买停车计费卡时，售卡系统将用户所购金额写入 IC 卡中。当用户在停车场停车时，在入口处单片机系统将停车开始时间写入用户 IC 卡中，用户取出车时，单片机系统根据当时时刻计算停车时间并从 IC 卡中扣除停车费用。预收费电表、气表、水表则是将用户所购用电量、用气量、用水量从 IC 卡中读入相应的电表、气表、水表内，用户在用电、用水、用气时，预收费表自动扣除。当用户所购的电、气、水的用量快要耗尽时，这些预收费表可以发出警报提醒用户及时购买新的用量。这种系统的特点是单片机体积小、不用人值守。设计的软件可以实现一卡多用或专卡专用，系统十分灵活。但选择合适的 IC 卡来开发系统则显得相当重要，因为 IC 卡是信息的载体，它直接关系到系统的可靠性和安全性。

下面以 SLE 4442IC 卡为例来说明 IC 卡的特点及设计方法。

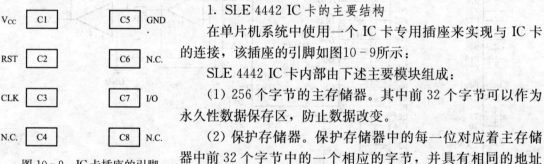

图 10 - 9　IC 卡插座的引脚

1. SLE 4442 IC 卡的主要结构

在单片机系统中使用一个 IC 卡专用插座来实现与 IC 卡的连接，该插座的引脚如图10 - 9所示：

SLE 4442 IC 卡内部由下述主要模块组成：

（1）256 个字节的主存储器。其中前 32 个字节可以作为永久性数据保存区，防止数据改变。

（2）保护存储器。保护存储器中的每一位对应着主存储器中前 32 个字节中的一个相应的字节，并具有相同的地址（保护存储器中的位地址对应主存储器中的字节地址）。可以通过在保护存储器中写入相应的位来防止主存储器最前面的 32 个字节中相应字节的数据发生变化，从而实现不可逆转的保护。一旦写入了这些保护位就不能抹除了（PROM），从而实现了数据的永久性保护。

（3）安全逻辑模块。其中包括三个字节的可编程密码和一个字节的出错计数器。在通电后除了三个字节的密码不能读出外，整个存储器都可读出，但不能改写。只有将三个字节的密码输入与 IC 卡内存储器的密码进行一次成功的核对后，主存储器才可以写，其

密码才可以重新设置。这些读写操作可以多次执行，直到 IC 卡从卡座取出时与电源断开为止。下次插入时若要执行改写操作，仍然必须先进行密码核对工作。在密码核对时，在相继三次核对不成功后，出错计数器封锁了以后的任何尝试，该 IC 卡成为废卡，再也不能使用了。这种功能制止了非法 IC 卡的使用，因为在三次内猜中密码的可能性几乎为零。

2. SLE 4442 IC 卡的主要功能

要执行 IC 卡的各种功能都必须先在 I/O 线上向 IC 卡输入一个命令序列，命令序列由三个字节组成：控制字节、地址字节、数据字节。命令序列之前有一个起始位，即在 CLK 线上保持高电平，I/O 线上产生一个负跳变。在输入命令序列时，命令序列的每一位由 CLK 线上的一个时钟脉冲（推位脉冲）推入。全部命令序列输入后，还要产生一个停止位：即 CLK 线保持高电平，I/O 线上产生一个正跳变。以后即可按不同功能在 CLK 线上输入不同个数的时钟脉冲（处理脉冲）以完成输入命令的处理过程（数据的读出或写入）。上述命令序列和 CLK 脉冲都可以用单片机产生，此时单片机起读卡器的作用。以下介绍几种主要功能：

（1）读主存储器。命令序列和时序分别如表 10-3、图 10-10 所示。

表 10-3　　　　　　　　　　　读主存储器命令序列

数　制	控　制　字　节								地址字节	数据字节
	B7	B6	B5	B4	B3	B2	B1	B0	A7…A0	D7…D0
二进制	0	0	1	1	0	0	0	0	Address	未用
十六进制	30H								00H…FFH	未用

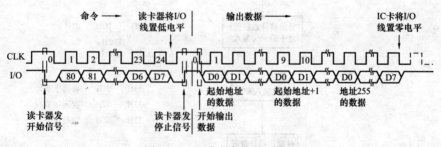

图 10-10　读主存储器时序图

此命令可以将从主存储器内给定地址单元开始到主存储器末尾的所有字节全部读出，所需处理脉冲的个数 $M=(256-N)\times8+1$，其中 N 是读出单元首地址。

（2）写主存储器。命令序列和时序分别如表 10-4、图 10-11 所示。

表 10-4　　　　　　　　　　　写存储器命令序列

数　制	控　制　字　节								地址字节	数据字节
	B7	B6	B5	B4	B3	B2	B1	B0	A7…A0	D7…D0
二进制	0	0	1	1	1	0	0	0	Address	input data
十六进制	38H								00H…FFH	input data

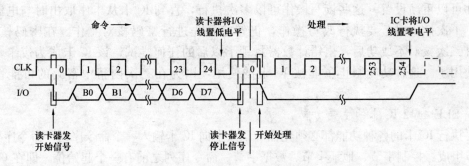

图 10-11 写主存储器时序图

写操作的处理脉冲个数分以下两种情况：

1) 若主存储器已写有数据，则写操作包括先抹除后写入两个步骤，处理脉冲数 M=255。

2) 若主存储器所写单元是空的（内容为 FFH）则处理脉冲数 M=124。

在执行写操作前还必须执行过核对密码的操作，否则写操作不能执行，核对密码可以用一个子程序来完成，其流程图如图 10-12 所示。

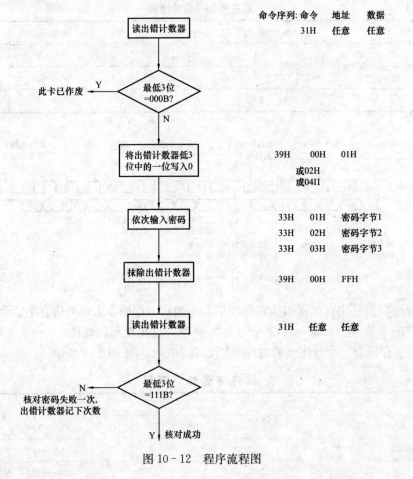

图 10-12 程序流程图

(3) 其他功能。

表 10-5			其他功能表
命 令 序 列			功　能
控制	地址	数据	
3CH	00H~1FH	数据	写保护存储器
34H	任意	任意	读保护存储器
31H	任意	任意	读密码
33H	00H~03H	密码	写密码

读保护存储器时可一次将其中 4 个字节的内容全部读出。

写保护存储器过程中，IC 卡将命令序列中的数据字节同欲保护的主存储器中相应字节的数据相比较，若相同则写操作有效，若不同则写操作被禁止。

读密码时，一次读出 4 个字节，字节 0 是出错计数器的值，字节 1~3 分别是密码字节 1~3。

写密码时一次写入一个字节。

以上操作的时序可以从产品说明书中查到，因篇幅限制不再一一列出。

四、单片机与 IC 卡插座的硬件连接

单片机采用 8031，用 PI 口与 IC 卡相连如图 10-13 所示。

在 IC 卡插座上有一个接触开关，在未插入 IC 卡时，K1 短路，P1.3 的输入为地电平。当有 IC 卡插入时，K1 被插入的 IC 卡顶开，此时 P1.3 的输入电平为高电平。单片机可以将 P1.3 的输入信号作

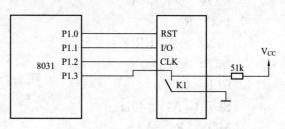

图 10-13　PI 口与 IC 卡连接图

为判断是否有 IC 卡插入的信号，当查询到 P1.3 为高电平时即可进行 IC 卡的读写操作。

五、软件设计举例

只要严格按照有关时序来设计软件，保证在数据 I/O 线、CLK 线上的数据信号和时钟信号的时序和时钟脉冲的周期正确就能完成正确的操作。SLE 4442 IC 卡要求时钟脉冲的周期不小于 $20\mu s$（频率不大于 50kHz）。下面举例说明如何设计从 IC 卡上读出数据的子程序。这里假定数据存储在 IC 卡中地址号为 40H~43H 的连续四个单元中，读出后暂时存放在单片机 RAM 中的 30H~33H 四个单元中。程序清单如下：

```
        SCL  EQU  P1.2
        SIO  EQU  P1.1
        RST  EQU  P1.0
RDIC：  MOV  R0，#30H        ；读子程序
        MOV  R4，#4
        LCALL  ATR          ；复位和复位响应
        SETB  SCL
        NOP
        CLR  SIO
```

```
              NOP
              CLR   SCL
              MOV   A，#30H            ；输入读主存储器命令序列
              LCALL  WBYO
              MOV   A，#40H
              LCALL  WBYO
              LCALL  WBYO
              CLR   SCL
              NOP
              CLR   SIO
              NOP
              SETB  SCL
              NOP
              SETB  SIO
RRO：         LCALL  RBYTE
              MOV   @R0，A
              INC   R0
              DJNZ  R4，RRO
              MOV   A，#0
              CLR   C
              SUBB  A，#40H
              MOV   R5，A
RIO：         LCALL  RBYTE
              DJNZ  R5，RIO
              CLR   SCL
              LCALL  DLY
              SETB  SCL
              LCALL  DLY
              CLR   SCL
              RET
RBYTE：MOV   R3 #8                     ；读一个字节
RBYO：  CLR   SCL
              LCALL  DLY
              SETB  SCL
              MOV   C，SIO
              RRC   A
              LCALL  DLY
              DJNZ  R3，RBYO
              RET
```

```
ATR:    MOV  R1，#32              ;复位和复位响应子程序
        CLR  RST
        CLR  SCL
        LCALL  DLY
        SETB  RST
        LCALL  DLY
        SETB  SCL
        LCALL  DLY
        CLR  SCL
        LCALL  DLY
        CLR  RST
        LCALL  DLY
ART0:   SETB  SCL
        LCALL  DLY
        CLR  SCL
        LCALL  DLY
        DJNZ  R1，ART0
        RET
WBY0:   MOV  R3，#8               ;写一个字节
WBY1:   RRC  A
        MOV  SIO，C
        SETB  SCL
        LCALL  DLY
        CLR  SCL
        LCALL  DLY
        DJNZ  R3，WBY1
        RET
DLY:    延时 10μs 子程序，可根据 8031 的晶振频率用若干个 NOP 指令实现 10μs 延时。
```

参 考 文 献

［1］ Motorola Inc. CPU08 Central Processor Unit Reference Manual. 2001

［2］ Motorola Inc. MC68HC908GP32 MC68HC08GP32 Technical Data. 2001

［3］ Atmel Corporation. 8-bit Microcontroller with 4K Bytes in-System Programmable Flash. AT89S51. 2003

［4］ 张友德，涂时亮，陈章龙编著. M68HC08 系列单片机原理与应用. 上海：复旦大学出版社，2001

［5］ 张毅坤，陈善久，裘雪红编著. 单片微型计算机原理及应用. 西安：西安电子科技大学出版社，2002